JN197146

「食」の図書館

シャンパンの歴史

CHAMPAGNE: A GLOBAL HISTORY

BECKY SUE EPSTEIN
ベッキー・スー・エプスタイン【著】
芝 瑞紀【訳】

原書房

序章　立ちのぼる泡　7
特別な飲み物　7　喜びを分かち合う　11
「シャンパン」と「スパークリングワイン」　12
第1章　シャンパンの起源　19
最初のスパークリングワイン　19　ワインが発泡している！　24
ドン・ピエール・ペリニヨン　25　コルクの栓　28
第2章　世界を魅了したシャンパン　32
伝統行事　32　シャンパン・メゾン草創期　34
異業種からの参入　36　需要の増大　38　モエ・エ・シャンドン　38
世界中を魅了する　39　18世紀のシャンパン業界　41
第3章　シャンパン産業の確立　43
個人事業から「産業」へ　43　ヴーヴ・クリコ　47

技術革新　50　シャンパンをめぐる「世界大戦」　54
しのぎをけずる　56　象徴としてのシャンパン　60

第4章　世界に広がるスパークリングワイン　63

「本物のシャンパン」　63　台頭するスパークリングワイン　65
アメリカ　66　ブルゴーニュ　68　ドイツとイタリア　69
「カトーバワイン」　72　新世界のスパークリングワイン　73
伝統的な製法　74　大量生産の製法　85

第5章　激動の20世紀　88

第一次世界大戦　91　第二次世界大戦　95
シャンパーニュ暴動　96　「ドン・ペリニヨン」誕生　97
エリザベス・リリー・ボランジェ　100　新しい顧客　102
増える生産と消費　105　ドイツ　107
オーストリア　108　イタリア　108　スペイン　112
南アフリカ　115　南米　116　アメリカ　117
海外で生産する　119

第6章　新しい流行　新しい市場　122
粋な小道具　122　新興国のシャンパン人気　126
気軽に飲みたい――イギリスの市場　128
注目されるイタリアのプロセッコ　129
変わるアメリカの市場　130
オーストラリアの真面目なワイナリー　131
その他の地域　132

第7章　変わるブドウ畑と呼称問題　134
ブドウ畑をめぐる駆け引き　134
気候変動とブドウ畑　136　呼称問題　138

第8章　シャンパンの現在　141
「ロゼ・ブーム」と「辛口ブーム」　141
「絶対基準」としてのシャンパン　144

付録1　購入・保管・飲み方の基礎知識　157
付録2　合う食べ物　171

謝辞　173
訳者あとがき　175
写真ならびに図版への謝辞　179
参考文献　180
レシピ集　183

［……］は翻訳者による注記である。

序章◉立ちのぼる泡

◉特別な飲み物

世界的金融危機の余波が残る2010年、イギリスの社交界が一年のうちでもっともにぎわう6月に、ロンドンのセント・パンクラス駅に「世界一長いシャンパン・バー」がオープンした。これから先、ロンドンとパリを結ぶ高速列車であるユーロスターの乗客が、旅の始まりと終わりをこのバーでシャンパンとともに祝うことになるだろうという自信が、全長95・8メートルという店の長さに表れている。ニューヨークの「フルート」や「バブル・ラウンジ」などのシャンパン・バーは、いまやサンフランシスコ、ロンドン、パリにも支店を構え、2009年にはロンドンの大手デパート「ハーヴェイ・ニコルズ」が、ペリエ・ジュエ社と提携してナイトブリッジ地区の旗艦店のなかにシャンパン・バーを出店した。

2009年、ハーヴェイ・ニコルズはロンドンの店舗に「フィフスフロア・シャンパン・バー」をオープンした。

シャンパン・メゾン（シャンパンメーカー）は、映画祭などのスポンサーとしておなじみであり、著名人を使った広告を展開している。たとえば2009年の東京国際映画祭では、モエ・エ・シャンドン社がハリウッド女優のスカーレット・ヨハンソンをキャンペーンに起用した。その少し前にはヴーヴ・クリコ社が、自動車メーカーのポルシェ社とともにシャンパンセラー［シャンパンを保管するための貯蔵庫。内部の温度を一定に保つことができる］を、ボートメーカーのリーヴァ社とともにシャンパンのキャリーケースを製作した。

パイパー・エドシック社は、一流のファッションデザイナーとともにセクシーなグラスやボトルをつくってきた。クリスチャン・ルブタンが手がけたハイヒール型のシャンパングラスや、ジャン＝ポール・ゴルチエの手になるデザインボトル（女性用の下着であるビスチェを模した赤い革製のボトルカバーに包まれていた）は大きな話題になった。

モエ・エ・シャンドン社は２００８年、ドン・ペリニヨン用のグラスのデザインをデザイナーのカール・ラガーフェルドに依頼した。その際の要望は、スーパーモデルのクラウディア・シファーの乳房のかたちに合わせてグラスをデザインするというものだった。これは、「マリー・アントワネットの乳房をかたどった」とされている底浅のクープグラスの現代版といえるだろう。ほかにも、シャンパンは多くの俳優やミュージシャンと深くかかわってきた。

セレブたちが支持する銘柄には大衆の人気が集まり、セレブの支持を失った銘柄はたちまち売れなくなった。２００６年にカリスマラッパーのジェイ・Zがルイ・ロデレール社の「クリスタル」の不買運動を始めたことで、このシャンパンが「ラッパー御用達」の地位を失ったのは有名な話だ。

時代や景気にかかわらず、現実でも映画のなかでも、シャンパンは特別なイベントや祝典を象徴する飲み物として扱われてきた。映画といえば、ジェームズ・ボンドは最高級のシャンパンばかりを飲むことで知られている。「００７」シリーズを代表する銘柄はボランジェだが、ジェームズ・ボンドはヴィンテージもののドン・ペリニヨンを飲むこともある。また、短い期間だが、原作者のイアン・フレミングのお気に入りのシャンパン、テタンジェを飲んでいた時期もあった（１９６３年公開の『ロシアより愛をこめて』で、タチアナ・ロマノヴァのグラスに睡眠薬が入れられたシーンを境に、「００７」シリーズとテタンジェの関係は終わりを迎えた）。

クラウディア・シファーの乳房をイメージして制作された、ドン・ペリニヨン用のシャンパングラス。カール・ラガーフェルドがデザインした。

ホテル「ル・ドカンズ」内にある、パリで最初のシャンパン・バー。メニューには50以上の銘柄が並ぶ。

◉喜びを分かち合う

もともとは裕福な貴族階級だけに飲まれていたシャンパンとスパークリングワインだが、いまでは一般のワイン愛好者たちの生活にもすっかり浸透し、人生の節目に欠かせない飲み物になっている。シャンパンもスパークリングワインもない結婚式や祝賀会などは考えられない。どんなスポーツでも、勝利を祝う際にかけ合うのはシャンパンだ。船は処女航海に出る前にシャンパンの洗礼を受け、気球の旅を無事に終えた人々はシャンパンで喜びを分かち合う。いったいどこの世界に、シャンパンの泡のない大晦日を過ごしたい人がいるのだろう？

過去数世紀、各国の統治者たちは、祝典でスパークリングワイン――必ずしもシャンパンとはかぎらない――を開ける伝統を守りつづけてきた。２００９年のアメリカでは、バラク・オバマの大統領就任を祝う晩餐会で１００本ものイタリア産スパークリングワインがふるまわれた。また、就任式のあとの昼食会のメニューにも、アメリカ産のスパークリングワインが名を連ねた。

◉「シャンパン」と「スパークリングワイン」

世界中のどこであれ、スパークリングワインは「高貴なもの」として位置づけられている。しかしなぜ、「シャンパン」と「スパークリングワイン」というふたつの呼び名が存在するのだろう？「シャンパンは世界各国のワイン産地でつくられる数多くのスパークリングワインのうちのひとつにすぎない」というのがその答えだ。

シャンパンと呼ばれるのは、パリから１００マイルほど東にあるシャンパーニュ地方でつくられた、高品質のスパークリングワインだけ。スパークリングワインにはさまざまな種類があるが、もっとも有名なのがシャンパンであることに疑いの余地はない。18世紀以降、シャンパーニュ地方はスパークリングワイン市場を支配しつづけている。シャンパンの名があまりによく知られているため、シャンパーニュ地方でつくられていないものであっても、スパークリングワインならすべて「シャンパン」と呼んでしまう人も少なくない。

たしかに、シャンパーニュ地方の生産者の技術は長年にわたって磨きあげられ、彼らのつくるス

フランス北東部に位置するシャンパーニュ地方

パークリングワインは知名度だけでなく品質においても抜きん出ている。とはいえ、シャンパンと同じくらい、あるいはシャンパン以上にすぐれたスパークリングワインが存在しないわけではない。フランス以外でつくられるスパークリングワインのなかには、ブランドを確立するために独自の名前をつけているものもある。

たとえば、スペインのカタルーニャ州でつくられるスパークリングワインは「カヴァ」と呼ばれる。イタリア北部には「プロセッコ」や「アスティ」などいくつかの種類があり、ドイツとオーストリアでは「ゼクト」が有名だ。

これらのスパークリングワインはどれも、基本的にその土地でとれるブドウからつくられている。発泡性のワインにはさまざまな原料を使ったものがあるが、本書では、伝統的なワイン用ブドウ（ヴィティス・ヴィニフェラ種）からつくられるスパークリングワインだけを取り上げ、食用ブドウやほかのフルーツからつくられるものは扱わないことにする。ちなみにシャンパーニュでは、スパークリングワインに使われるのは、おもにシャルドネ（白ブドウ）とピノ・ノワール（黒ブドウ）で、そこにムニエ（黒ブドウ）が加えられることが多い。

アメリカをはじめとする新世界《ニューワールド》（比較的新しいワイン生産国）では、スパークリングワインに使われるブドウの品種は多岐にわたる。また、これらのスパークリングワインは独自の名前をもたないため、一律に「スパークリングワイン」として、つまり、品質や産地を売りにしない、ただの発泡性ワインとして扱われる。だが「シャンパン」や「カヴァ」のような独自の名前をもたないからといって、それらのスパークリングワインに長所がないと決めつけるのは大きな間違いだ。

シャンパンはなぜ、これほど多くの人に「最高級のスパークリングワイン」として認められているのだろう？　その理由をひとことで言うなら、これまでに最高の価格と最高の評価を与えられたスパークリングワインが、どれもシャンパーニュ地方でつくられたものだったからだ。そして、シャンパーニュの人々がその高貴な飲み物を数百年にわたって世に広めてきたからでもある。

では、スパークリングワインの生産者が自分たちの製品を「シャンパン」と呼んでしまわないのはなぜだろう？　消費者を混乱させないためにも、世界一名高いスパークリングワインの名前を自分たちの商品に使うほうが、賢明ではないだろうか？　じつは、シャンパンの名を勝手に使っている生産者もいるにはいる。しかし、善良なスパークリングワイン生産者であれば、自分たちの製品のラベルに「シャンパン」とは記載しない。

3世紀以上にわたり、シャンパンはさまざまなかたちのグラスに注がれてきた。平たいクープ型と細長いフルート型のあいだに、いくつもの形状がある。

シャンパーニュ地方の生産者たちは、シャンパンの名前を守るために100年以上も前から苦闘を重ねてきた。彼らは「シャンパンの生産地」を明確に定め、一定の品質を保つことに力を尽くしている。現在では欧州連合（EU）がこの取り組みを支持し、EU非加盟国もシャンパン生産者たちに対して、シャンパーニュ地方以外でつくられたスパークリングワインに「シャンパン」の名を使用しないと約束している。

ゼクト、カヴァ、クレマンなどのスパークリングワインは、EU圏の人々のあいだではすでに広く親しまれ、アメリカをはじめとする諸外国でも順調に人気を高めている。まだ独自の名前をもたないイギリスとアメリカのスパークリングワインも、世界中で飲まれるようになった。

17世紀後半、シャンパンは当初「甘口ワイン」としてその名を知らしめ、18世紀を通して着実に需要を増やしてきた。醸造技術が発達し、ワインがひとつのファッションとして人気を博していた19世紀、シャンパン生産者たちは中辛口のシャンパン「ドゥミ・セック」をつくることに成功した。その後も技術は進化しつづけ、エクストラ・ドライ（辛口）を経て、ついに極辛口の「ブリュット」が誕生する。

20世紀のブリュットの人気は、まさに驚異的なものだった。今日でも、西欧諸国でもっとも知名度の高いスパークリングワインのスタイルはブリュットである。また現在では、「より辛口」あるいは「より自然」なシャンパンが求められる傾向がある。こうしたシャンパンは、「ナチュール」もしくは「ブリュット・ナチュール」と呼ばれる（ドザージュ・ゼロともいう）。

淡い麦わら色からあざやかな黄色、そしてきらめく黄金色《こがねいろ》まで、シャンパンとスパークリングワインはさまざまな色合いを見せる。最近注目されているのはロゼ・スパークリングワインであり、その人気は年々高まっている。

ロゼ・スパークリングワインもまたいくつもの色をもつ。薄いオレンジ、ほのかなピンク、淡いアンズ色、サーモン・ピンクやロゼ・ピンク、さらには澄んだ赤色。どのような色になるかは、製法とブドウの品種によって決まる。現在、ほとんどのロゼ・シャンパンはブリュットに分類される。

景気の悪化とは裏腹に、スパークリングワインの消費量と売り上げはすべての大陸で上昇を続けてきた。安価なスパークリングワインが台頭しはじめたことに加え、世界的に「高級志向」の波がおとずれているのがおもな理由だが、こうした上昇傾向がとくに顕著に見られるのはヨーロッパ文化が急激に浸透している地域である。

淡いピンク色から深みのある薔薇色まで、ロゼ・シャンパンの色合いは多岐にわたる。ここにあるのはその一例。

２００２年から２００８年にかけて、ロシアにおけるスパークリングワインの売り上げは２００パーセント以上も増加し、インドと中国もこれにひけをとらない数字を記録した。ブラジルやアイルランドなどでは、この増加率が３００パーセント近くにもなる。フランスとイギリスでさえおよそ65パーセントの増加を見せた。オーストラリアでは１２０パーセント以上、アメリカでは20パーセント程度の増加である。そして、南アフリカ共和国とカナダの増加率はおよそ75パーセントになる。

スパークリングワインは、３００年以上にわたって流行の最先端でありつづけてきた。今後も、食とワインのグローバル化にともない、需要はいっそう拡大していくだろう。シャンパンとスパークリングワインはもはや、「特別なできごと」のためだけにとっておくものではない。ちょっとした祝いの場で、あるいはいつもの夕食の席で、好きなときにボトルを開ければいいのだ。

第1章◉シャンパンの起源

◉最初のスパークリングワイン

すでに中世には、シャンパーニュ産のワインはフランスの一部の地域で人気のある飲み物だった。だが、シャンパーニュ地方のブドウ畑はフランスのかなり北方に位置しているため、雨と寒さが押しよせてくる秋の収穫期までにブドウを成熟させることができなかった。できあがったワインは薄い赤色で、わずかに酸味があった。しかしこうした酸味のおかげで、シャンパーニュのワインは品質を落とすことなく、長期間樽の中で保存できたのである。

マルヌ川沿岸部の生産者たちは、自分たちのワインを船でパリ、ロンドン、フランドル地方「オランダ南部、ベルギー西部、フランス北部にかけての地域」などに向けて出荷し、ブルゴーニュワインを相手に市場で競い合おうとしていた。また、当時のワインはすべて「スティルワイン」（非発泡

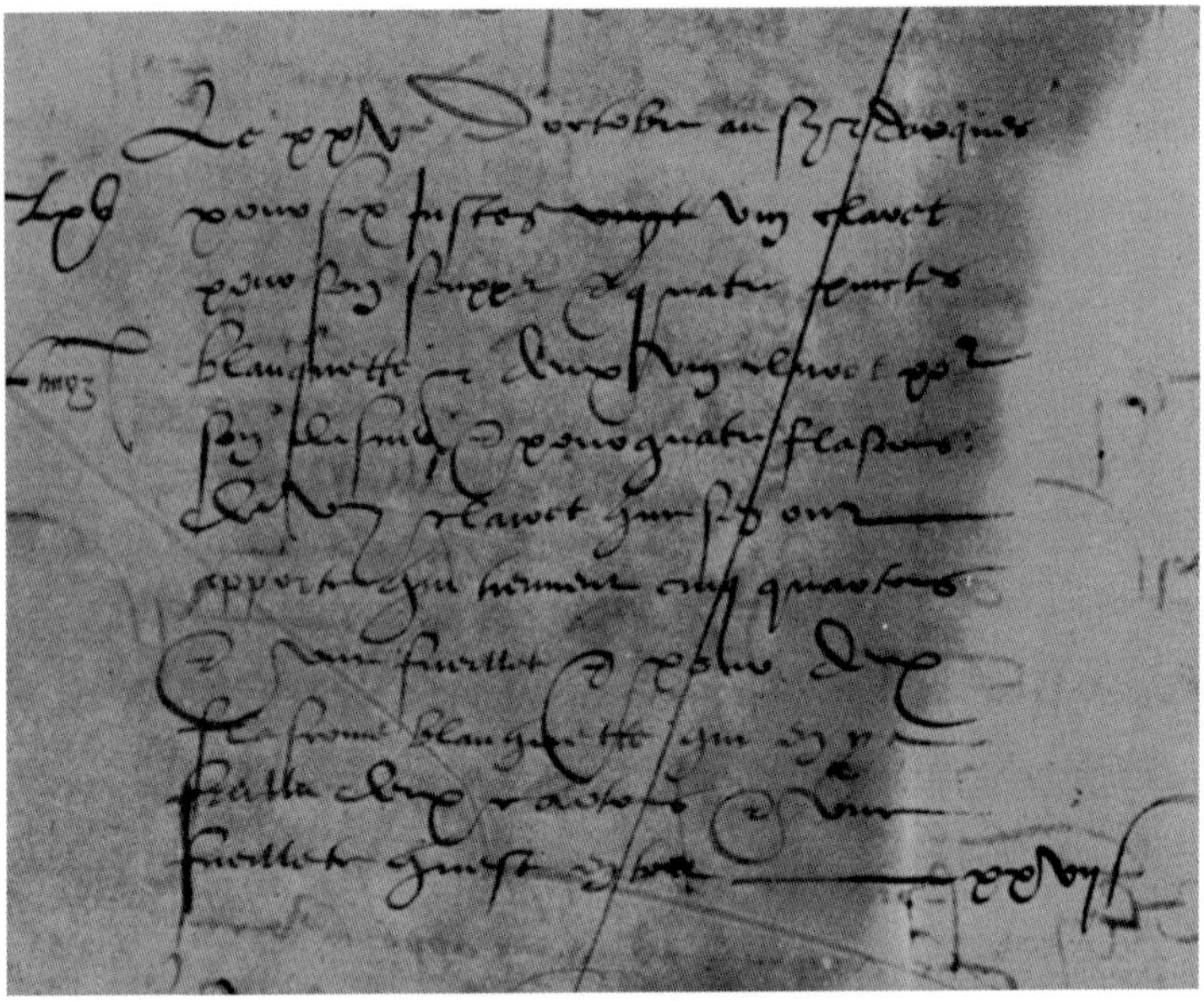

羊皮紙に記録された、1544年のスパークリングワインの取引（南フランスのリムー）。ドン・ペリニヨンがシャンパーニュ地方にやってきたのは、それから100年後のことだった。

性のワイン）であり、泡は好ましくないものとみなされていた。

　では、いったいどのようにしてシャンパーニュは世界一名高いスパークリングワインの生産地になったのだろう？　じつは、最初にスパークリングワインが普及した地域はシャンパーニュではない。１５１６年にはもう、南フランスのラングドック地方ではスパークリングワインの生産がおこなわれていた。

　地中海の近く、山に囲まれた冷涼なワイン産地リムーのふもとの村には、ベネディクト会のサン・ティレール修道院がある。この修道院には、１５３１年にこの地で最初のスパークリングワインの取引がおこなわれたという記録が残されている。多くの人が「シャンパンの祖」だと信じている修道士、ドン・ペリニヨンが生まれるより100年以上も前のことだ。

「ブランケット・ド・リムー」は、17世紀後半にシャンパーニュ地方で初めてつくられたスパークリングワインと同じ過程を経て誕生した。まず、ブドウを圧搾《あっさく》する。すると自然に酵母の活動が活発化し、果汁が醱酵を始める。それによって糖分がアルコールに転換され、冬の寒さの到来とともに醱酵はおさまる。しかしこれは、酵母の活動が一時的に止まっただけである。そうとは知らないリムーの生産者たちは、3月の最初の満月の時期にこのワインのボトル詰めをおこなった。だがその後、気温が上がると今度は密閉されたボトルの中で酵母はふたたび活動を始めることになる。このとき、醱酵作用によって炭酸ガス（CO_2）が生じた。そして、行き場のない炭酸ガスが液体に溶け込んだことで、発泡性《スパークリング》ワインが誕生したのである。すべてのスパークリングワインの原型は このようにつくられた——というより、このようにできてしまった。

リムーはパリからあまりに離れていたため、このワインがパリ市民の酒文化に影響を及ぼすことはなかった。しかし17世紀には、多くの人が炭酸ガスの入った発泡飲料に興味をもっていたはずだ。1662年にイギリス人科学者のクリストファー・メレットが王立協会に提出した「スパークリング・アップル・サイダーのボトル詰めと二次醱酵」についての論文が世間の注目を集めていたからである。これは、修道士ドン・ペリニヨンがオーヴィレール修道院——一般に、彼がシャンパンを「発明」した地として知られている場所——にやってくる6年前のできごとだ。

現在、シャンパーニュ地方はパリ北東部から車で数時間もあれば行くことができる。だが、数百

16世紀につくられた壁掛けの複製。シャンパーニュ地方のブドウの収穫を理想化して描いている。

年前のパリ市民にとっては、シャンパーニュ地方は何日もかかる場所だった。また、郊外の住民が食料やワインを買うために地元の市場の外に出向くことはほとんどなく、ランス、エペルネ、トロワといったシャンパーニュ地方の商業の中心地の住民も、基本的には自分たちがつくった赤ワインや白ワインだけを飲んで過ごしていたという。だが、これらの地区には大きな川沿いの街もあった。そのため、彼らは、船を使ってシャンパーニュ産のワインの樽をパリへ、あるいはもっと遠くへ簡単に出荷できたのである。

こうして出荷されたワインの樽は、たいていは酒場の主人が、ときには裕福な貴族が買っていった。彼らは樽を開けたあと、できるだけ早く飲みきろうとした。一度開けた樽の中では、とくに温暖な季節には、ワインがすぐに劣化す

16世紀初頭、収穫期をむかえた田園地方のブドウの収穫と、ワインの醸造を描いた挿絵。ニコラ・ル・ルージュ『羊飼いの偉大な暦と堆肥 *Le Grand Calendrier et Compost des Bergers*』（1529年）。

るとわかっていたからだ。樽を開けたあとは、必要な量のワインが水差しやボトルに移し替えられた。だが17世紀のフランスでは、ボトルは吹きガラス製のものが一般的だったため、どれも非常に壊れやすく、いびつな形状のせいでしっかりと栓をすることができなかった。つまり、保管場所が樽の中であれボトルの中であれ、当時のワインは長いあいだ品質を保つことが不可能だったのである。

◉ワインが発泡している!

やがて春になり、イギリスからある知らせが舞い込んできた。酒場の主人たちが口をそろえて、シャンパーニュ産のワインが発泡していることがあると言い出したのだ。そして、一部のイギリス人はその発泡ワインを気に入っているということだった。発泡ワインの人気はみるみる高くなり、泡立つワインをつくるために試行錯誤が重ねられた。

その頃にはすでに、酒場の主人たちはシャンパーニュ産のワインに甘味を足し、酸味をやわらげるために砂糖を加えるようになっていた。そのうち彼らは、砂糖を入れることで炭酸が強まることに気がついた。じつは、南フランスの「ブランケット・ド・リムー」が発泡していたのも同じ理由からだった(もっとも、リムーの人々は気づいていなかっただろうが)。

シャンパーニュのワインができあがり、樽に詰めて出荷されたのは、秋も終わりにさしかかった寒い時期である。すでに醱酵は止まっていた――いや、止まったと思われていた。だがその後、気温が上がったことで酵母がふたたび活動を始め、ワインの中に残っていたブドウの糖分を急速に食べつくした。その際に生じた炭酸ガスの一部が密閉された樽の中でワインに溶けこみ、発泡ワインができたのである。

●ドン・ピエール・ペリニヨン

ただし、シャンパーニュ地方の人々の目標はあくまでもスティルワインをつくることだった。ドン・ピエール・ペリニヨン（「ドン」はベネディクト派をはじめとする修道院で修道士に与えられる称号だ）が酒庫《しゅこ》係としてベネディクト会のオーヴィレール修道院にやってきたのはこの時期である。１６６８年、彼は29歳だった。当時のヨーロッパでは、ほとんどのワインが修道士によってつくられ、その売り上げは多くの修道院の運営資金になっていた。そして修道士たちは、これまで以上に味のよいワインへの需要が高まっていることに気づいていた。

ドン・ペリニヨンは、ワインづくりのすべての工程にかかわろうと決意する。彼は腕をまくり、土壌を調べることから始めた。ブドウ畑やワイナリーをまわって講演もおこなった。ドン・ペリニヨンは、緻密な剪定《せんてい》によって質が高く香りのよいブドウができると説いた。さらに彼は、すばらしいワインを安定してつくるために数年間ワイナリーの仕事にも打ちこんだ。当初の目的は、雑味が

ドン・ペリニヨンが暮らしていたオーヴィレール修道院の現在。650年頃に建造され、1791年まで修道院として使われた。

シャンパン用の原始的なブドウ圧搾機。17世紀に使われていたものとよく似ている。

なく、風味豊かなスティルワインを生み出すことだった。しかし17世紀の終わり頃にはスパークリングワインの人気はいっそう高まり、もはや無視することはできなかった。

ドン・ペリニヨンはワイン畑とワイナリーに新たな技術を取り入れた。この技術はすぐに、シャンパンづくりにおける基本として広く認められるようになった。ドン・ペリニヨンはシャンパンをつくるとき、軽くつぶしたピノ・ノワールを使っていた。慎重に、そしてデリケートに圧搾をおこなえば、ピノ・ノワールの黒い皮を残したまま白い果肉だけを搾ることができる。17世紀後半には、皮の色がわずかに果汁に混ざってしまい、完全な白色ではなくほんのりと赤いスパークリングワインができていたと考えられる。だが当時のドン・ペリニヨンは、白ブドウを原料に使うつもりはなかった。白ブドウを使うとワインの酸味が強くなりすぎると考えていたのだ。

◉コルクの栓

コルク栓の技術がフランスとイギリスに伝わったのは、1000年以上も前、古代ローマの時代と言われている。なぜこの技術が一度はフランスから失われてしまったのか、そしてなぜこのタイミングでふたたびフランスに戻ってきたのかは、いまだに謎だ。イベリア半島からやってきた修道士が持ち込んだコルク栓にドン・ペリニヨンが目をつけ、発泡ワインの栓として用いるようになったというのが有力な説である。

ボトルの中はガス圧が高かったため、ドン・ペリニヨンはボトルの首に差しこんだコルクを長い麻ひもで固定しようと試みた。樽の中に長時間入れておくとワインの味は鈍る。そう信じていた彼は、ボトルを使ってさまざまな実験をおこなった。しかし、泡立つシャンパンから生じる圧力のせいで、フランス製のもろいガラスボトルは爆発を繰り返した。地面に落としたボトルは例外なく砕け、少しでもひびが入ればそれが爆発の原因になった。こうした爆発のせいで、作業員が危険にさらされるだけでなく、商品を出荷することも難しくなった。さらに、どの程度の金額に相当するシャンパンがだめになったのかを考えると、1本あたりの価格まで上げざるをえなかった。

しかし、同じスパークリングワインを樽のままイギリスに出荷して現地でボトル詰めをおこなっ

シャンパンを「発明」したとされる伝説の修道士、ドン・ペリニヨンの彫刻。かつて暮らしていたオーヴィレール修道院に残されている。

たときには、爆発はほとんど起こらなかった。イギリス人たちも、コルク栓をボトルに詰める技術を──おそらくはシェイクスピアの時代に──「再発見」していたのである。さらに重要なのは、17世紀のイギリスのガラスが木炭ではなく石炭からつくられていたという点だ。石炭ガラスの強度は吹きガラスの比ではなかった。イギリスのワイン商人たちは、1630年からずっと石炭ガラス製のボトルを使っていた。この石炭ガラスの技術がフランスに広まるより1世紀近くも前からである。

すばらしい味わいのシャンパンをつくりあげたとき、ドン・ペリニヨンはこう叫んだという──「兄弟たちよ、私はいま星を飲んでいる！」。だがこれは、よくできた神話にすぎない。現在の大手シャンパン生産者である

シャンパーニュ地方に広がる白亜質の土壌

モエ・エ・シャンドン社――自社の最高級の銘柄に「ドン・ペリニヨン」と名づけた会社――が、この話を熱心に広めてきただけだ。エペルネにある同社の正面には、この有名な修道士の像が立っている。

1715年、ドン・ペリニヨンは76歳でこの世を去った。その死からわずか数年のうちに、彼のブドウ畑の管理方法やワイン醸造技術は、ほかのシャンパン生産者たちの手引きとして重宝されるようになる。たとえば生産者たちは、ドン・ペリニヨンの教えどおりブドウをしっかりと剪定し、必要以上の果実を実らせないようになった。このように、オーヴィレール修道院に保管されている数々の記録は、数世紀にわたってブドウ農家やワイン生産者たちを助けてきたのである。

この修道院にいたドン・ルイナールもまた、シャンパンの生産に大きく貢献した修道士だ。彼は古代ローマ人たちがランスの街の地下につくったチョーク（白亜）の採石場を、ボトル詰めしたシャンパンの貯蔵場に変えた。地下の温度は一年中10℃から14℃で保たれていただけでなく、貯蔵スペースが不足したときでも、白亜質の土壌を掘って広げるのはそう難しいことではなかった。幸運にもこの頃、フランス人も頑丈なガラスのボトル――泡立つシャンパンを入れるのに欠かせないボトル――をつくる方法を学んでいた。ドン・ルイナールの甥、ニコラは、商人としても生産者としても初期のシャンパン産業を代表する人物である。彼はこの新たなスパークリングワイン市場に参入し、１７２９年にルイナール社を設立した。世界最古のシャンパン製造会社の誕生である。

第2章 ◉世界を魅了したシャンパン

◉伝統行事

祝典でシャンパンを飲む慣習を生み出したのはフランスの王族たちである。5世紀の終わり頃、当時の国王クロヴィス1世がランスのノートルダム大聖堂で洗礼を受けたのを機に、彼らはシャンパーニュ産のワインをよく飲むようになった。やがて、ノートルダム大聖堂で国王の戴冠《たいかん》式をおこない、シャンパーニュ産のワインで祝杯を挙げることがフランスの伝統行事の一部として確立されていった。

さかのぼること11世紀、シャンパーニュ地方のアイ村のワインが、シャンパーニュ以外の地域にも名を知られるようになった。当時のローマ教皇ウルバヌス2世がこの土地の生まれだったからだ。16世紀の初期には、ヴァロワ朝第9代のフランス王フランソワ1世がシャンパーニュのワインを

13世紀に建てられた、ランスのノートルダム大聖堂。フランス国王の戴冠式は、長いあいだこの大聖堂でおこなわれていた。

秋をむかえたシャンパーニュ地方の村。この眺望は数百年前からほとんど変わっていない。

愛飲していたという。

また、16世紀の後半には、国王アンリ3世の側近のひとりがランスの近くにあるシルリー村の女性と結婚したことで、アンリ3世もシャンパーニュのワインを飲むようになった。側近の妻が宮廷に献上したシルリー村のワインが、王族のあいだで人気を集めたのである。しかし現在、シャンパーニュ以外の地域では、シルリー村のスパークリングワインが黎明《れいめい》期からの重要なシャンパンであることを知る者はあまりいない。

◉シャンパン・メゾン草創期

18世紀になると、シャンパーニュ地方のワイン生産者たちはスパークリングワインを安定して生産する方法を学び、スパークリングワインの市場をアメリカやロシアといった遠い国にまで広げることができた。いま世界的に有名なシャンパン・メゾンの多くは18世紀に設立されたものだ。ルイナール社以外にも、モエ・エ・シャンドン社、パイパー・エドシック社、ゴッセ社などがシャンパン業界の草分けとして誕生した。これらのメゾンのシャンパンは、今日でも高い知名度を誇っている。

18世紀から19世紀初頭にかけて、シャンパン業界の成長は滞った。たび重なるブドウの不作や、自国とシャンパンの輸出相手国をとりまく戦争といった、気候的な問題や経済的な危機が起こったからだ。だが同時に、シャンパン商人たちはこの時期、政治的な恩恵も受けていた。18世紀初頭に新たな輸送政策が実施され、シャンパン産業が真の意味で発展しはじめたのだ。故郷のフランスでは、シャンパンの人気は日に日に高まっていった。

当時のほとんどの国がそうだったように、18世紀のフランスの宮廷も往々にして酒を飲みすぎていたと言われている。1715年から1723年にかけてフランスの支配権を握っていた摂政、オルレアン公フィリップ2世にいたっては、ほとんど一日中シャンパンを飲みつづけていたという。シャンパンは本来、健全で、口当たりがよく、泡の立つすばらしい飲み物だったのだが、1716年に書かれたオルレアン公の母親の手紙には「息子がシャンパーニュ産のワインばかりを飲んでいる」という苦言が記されていた（後にこの手紙はあちこちで引用されることになる）。

ほんの数口――おそらく数杯であることのほうが多いが――飲めば、誰もが機知に富み、人を惹きつけ、社交的になることができる。フィリップ2世のハンサムな甥である国王ルイ15世は、

1723年に王位に就くと、さっそくこの説を支持する意を示した。国王のこの厚意は、シャンパン生産者たちの声を宮廷に届けるのに大きく役立った。

そして1728年、シャンパン業界は大きな転換を迎える。宮廷がシャンパーニュのワインをボトルに詰めて出荷することを認めたのである。ボトルでの出荷を認められたのはシャンパーニュのワインだけであり、ほかのワインはそれまでと同じく樽で出荷しなければならなかった。この重大な決定は、できあがったスパークリングワインをそのままボトルに詰め、フランスのみならずイギリスやオランダ、その他多くの国の消費者に直接届けることができることを意味した。

●異業種からの参入

さまざまな業種の商人が——誠実な者もいればそうでない者もいたが——本業と並行してシャンパンの製造に励み、市場に送り出すようになった。やがて、そのうちの何人かはシャンパン生産者に転身を図る。シャンパン業界の第一人者、ニコラ・ルイナールもそのひとりだ。

彼はもともと羊毛商を営んでいた。自分のブドウ畑などもっていなかったが、父とともにシャンパンをボトルに詰めて熟成させる仕事に着手し、羊毛の顧客を相手にシャンパンを売りはじめたのである。1730年に彼が販売したシャンパンはわずか130本だったが、その後もシャンパン産業は急速に成長を続け、1739年、ルイナールは羊毛の取引をやめてシャンパンの販売に専

シャンパーニュ地方では、このようなカゴを使ってブドウを収穫する。

念するようになった。また、ニコラの息子には父以上の商才があり、やがてランスで大きな権力を握ることになる。
　仲買人《ブローカー》のなかには、自分たちの手でシャンパンをつくろうとする者もいた。シャンパーニュ地方でブドウの栽培を始めたクロード・モエはその好例だ。モエ・エ・シャンドン社の設立日は1743年とされているが、クロードはもともと18世紀の初めからワイン商人としてヴェルサイユ宮殿をおとずれていた。彼がワインを売るときは、有力者だけでなく多くの聴衆が集まったという。セールスマンとしての彼の技量がすぐれていたというだけではなく、彼の血筋も関係しているのだろう。クロードの先祖は、15世紀にジャンヌ・ダルクとともに戦った仲間のひとりだった。

◉需要の増大

1735年、この高貴な飲み物にますます夢中になっていたルイ15世は、シャンパーニュ産スパークリングワインに用いるボトルの容量、形状、そして栓のしかたを正式に定めた。当時の基準は、容量は25オンス（約700ml）、コルク栓を結びつけるときは三つ編みのひもを使うこと、ボトルは細長いネックのバルブ型、というものである。ときには生産者の紋章がボトルに刻み込まれた。こうしてシャンパンはワインの世界に参入し、確固たる地位を築きあげていく。

新たな市場の開拓はシャンパン商人たちの手にゆだねられた。このとき、商人の多くはすでに、服や羊毛や糸などの商品を近隣諸国の顧客に販売し、またパリだけでなく、ネーデルラント、大英帝国といった国の大都市とも取引をおこなっていた。その後、パリやヴェルサイユの流行仕掛け人《テイストメーカー》が大量のシャンパンを注文するようになると、この新たな発泡飲料の需要はいっそう増加した。

◉モエ・エ・シャンドン

18世紀半ば、クロード・モエはルイ15世の愛人のポンパドール夫人にシャンパンを届ける役目を仰せつかった。当時クロードがつくっていたシャンパンの量は、シャンパーニュ地方のほかの生産者たちの生産量の合計を上回っていたといわれている。宮廷で重要な行事がおこなわれるときには、きまってシャンパンがふるまわれた。1735年、国王は有名な画家に「シャンパンのある生活のようす」を描かせた。ジャン＝フランソワ・ド・トロワの『牡蠣《かき》の昼食 Le Déjeuner d'huîtres』や、ニコラ・ランクレの『ハムのある昼食 Le Déjeuner de jambon』はその代表例である。

ヴェルサイユ宮殿と契約を結んだあとで、クロードはさらなる偉業を成し遂げる。この時期、ボトルに詰めたシャンパンの2割以上は市場に出回る前に破損するのが一般的だった。ときには商品の9割近くがだめになることもあった。だがクロードは、あらゆる対策を講じてボトルのロスを減らすことに成功したのである。こうしてモエ・エ・シャンドン社は、1762年には地域最大のシャンパン生産者として、イギリス、フランクフルト、マドリード、ロシアの顧客に輸出するまでになった。

◉世界中を魅了する

フランス宮廷の熱烈な支持のおかげで、シャンパンの地位は急速に押し上げられた。この時期の国王は絶対的な権力を持っていて、逆らうことは許されなかった。国王が、あるいは王妃や大臣や国王の愛人たちがシャンパンを飲もうとしたときには、すぐさま宴が始まり、宮廷中の誰もがグラスを掲げてともにシャンパンを飲んだ。18世紀も後半になると、西欧諸国の中枢のエリートたちはシャンパンを、祝典に欠かせない何よりも大切な「神酒」として扱うようになっていく。

ピョートル1世の時代には、ロシアの宮廷でもシャンパンが飲まれるようになった。のちにこの慣習は、帝位とともに娘のエリザヴェータに受け継がれる。18世紀後半のロシアをおさめた貪欲な女帝、エカチェリーナ2世もシャンパンを好んだ。彼女は、シャンパンが性欲増進に役立つと心から信じていたという。

シャンパンはときに、フランス国外における政治や戦争の被害をこうむることもあった。ポーランド継承戦争（1733年〜1738年）やオーストリア継承戦争（1740年〜1748年）のあいだには、シャンパンの輸出は困難をきわめた。1776年は、シャンパン業界にとって悪い年でもあり、よい年でもあったといえる。イギリスがボストン港を閉鎖し、アメリカ独立戦争が勃発して間もない頃だ。この年、シャンパーニュ地方では、かつてないほど多くのボトル破損が起こっていた（猛暑で酵母の活動が例年よりも活発だったのが原因とされている）。

だがこの年は、シャンパンの通商が自由化されて、国の監視から解放された年でもあった。その気になれば誰もがこの業界に参入し、シャンパンの仲買をおこなえる時代になったのである。

フランス革命の終結にともない、修道院は廃止された。だがその後もシャンパンの需要はどんどん増えていき、ブドウやワインの生産ができる者は誰もがシャンパンづくりに手を出した。また、反君主制主義者であり、アメリカ合衆国の最初の大統領ジョージ・ワシントンも、1796年の晩餐会でシャンパンをふるまった。シャンパンの消費者はもはや貴族だけではなくなったのである。

◉18世紀のシャンパン業界

この時期のシャンパン商人のほとんどは、仲買の仕事だけでなくボトル詰めから熟成までの幅広い仕事をも手がけていた。一方、商人と取り引きをするブドウの栽培者は、自分たちを「業者」ではなく「農家」、あるいは単なる「ベースワイン〔二次醱酵を経てシャンパンになる前のスティルワイン〕生産者」として位置づけていた。彼らのつくるブドウやワインは商人たちに掛け買い〔代金を後日支払うという約束で品物を買うこと〕された。

ボトルが割れたときのコストを負担しなければならない商人は、多大なリスクを承知でボトル詰めから保管、出荷までをおこない、顧客を見つけ、新たな市場を開拓していったのである。栽培者やベースワイン生産者への支払いが遅れることも多かった。商人のなかには、スティルワインの在庫を引き取って市場に流してやることで、栽培者たちを言いなりにしている者もいた。たいていの場合、栽培者に代金が支払われるまでには長い時間がかかったが、あわれな栽培者たちにはどうすることもできなかった（このシステムは今日でもまだ残っているため、ブドウ栽培者とシャンパン・メゾンのあいだで対立が起こることもある）。

シャンパン生産者たちは、価格の決定に関しても独占的な権限をもっていた。地下深くの貯蔵場に隠されたシャンパンの在庫について、実情を知っているのは彼らだけだった。これが18世紀の終わり、フランスが政治的な大変動をむかえていた時期のシャンパン業界の構図である。シャンパーニュ地方の生産者は依然として貴族やエリートを相手に商売を続けていたが、政権は不安定で数年ごとに移り変わっていたため、彼らはフランスの外にも新たな市場を探すようになった。

初期のシャンパン製造会社のほとんどは家族経営によって成り立っていた。彼らは厖大な時間をかけて旅に出て、大陸を縦横にめぐった。また、自分たちの足で（あるいは仲買人を雇って）イギリス、ロシア、アメリカといった遠い国にも出向いた。こうして、当時台頭してきたブルジョワジーの有力者たちをはじめとする多くの国の顧客にシャンパンを広め、売り上げを伸ばしていったのである。

中産階級であるブルジョワジーは、上流階級の生活に強いあこがれを抱いていた。商業的に成功していた彼らは、はなやかな衣服をまとい、りっぱな家を建て、大仰なパーティーに明け暮れていた。シャンパン売りにとってはまさに理想的な顧客である。こうしてシャンパンは、世界各国に出荷される初めてのテーブルワインになった。

第3章◉シャンパン産業の確立

◉個人事業から「産業」へ

化学と生物学の発展、機械化の促進、生産者たちのマーケティング意識の高さ。そういったさまざまな好条件のもと、18世紀中頃から19世紀にかけて、シャンパンの生産は小規模な個人事業からひとつの「産業」へと変貌を遂げた。

そして、19世紀までに多くの勝負師たちがこの新たな事業に身を投じた。ルイナール社やゴッセ社に続き、1743年にはモエ・エ・シャンドン社、1757年にはアンリ・アベレ社、1760年にはランソン社とドゥラモット社、1772年にはヴーヴ・クリコ社、1776年にはルイ・ロデレール社、1785年にはパイパー・エドシック社といった具合に、現在でもよく知られているシャンパン草創期からのメーカーの多くはこの時期に設立されている。シャンパン生

シャンパーニュ地方を代表する風景。舗道と電線を除けば、数世紀前と変わらない。
マルヌ川の向こうに見えるのはブルソー城。

産者たちは毎年同じ畑でとれたブドウを使うようになった。一貫して質のよいブドウをつくれるかどうかは、栽培技術の優劣はもちろんだが、土壌や畑の方角と日当たりにも左右されると考えたからである。

この時代、シャンパーニュ産のスパークリングワインはどのような味がしたのだろう？　ときおり沈没船の中から見つかるものを除き、当時つくられたシャンパンで、私たちが栓を開けて味わえるものは残っていない。また、シャンパンのなかには数十年程度なら味を保っておけるものもあるが、数世紀にわたって保存できるものは存在しない。もし仮に当時のシャンパンを飲むことができたとしても、炭酸のすっかり抜けた、スパークリングワインとは呼べない代物になっているはずだ。しかし、当時のシャンパンがどのようにつくられたのか、そしてどのような味がしたのかは明らかになっている。

18世紀から19世紀につくられたほかのワインと同じく、当時のシャンパンはやや甘口だった。料理と合わせるには、多少の甘味があったほうが好まれた。ほのかな甘味のあるワイン（「オフドライ」ワインとも呼ばれる）と合わせると、どんな料理も味が引き立ったからだ。また、初期のシャンパンの色合いは、たいていは薄い赤色――あるいはサーモン・ピンクや薔薇色――だった。シャンパンは黒ブドウをやさしく圧搾してつくるため、皮の色素は少ししかワインに混ざらなかったのである。

泡に関しては、それぞれのボトルによって違いがあった。フランス人はシャンパンを「ペティア

初期のシャンパングラス。17世紀末から1755年頃まで、このかたちが流行していた。

ン」「ドゥミ・ムスー」「ムスー」「グラン・ムスー」の4つに分類した（おおまかに訳すと「微発泡性」「半発泡性」「発泡性」「超発泡性」となる）。泡の量はボトル内のガス圧に左右される。当時の技術では、ガス圧は最大でも3気圧程度にしかならなかった（現在飲まれているシャンパンのおよそ半分）。

もともとシャンパンは、円錐形のグラス——フルートグラスに似ているが、側面はまっすぐで脚はなく、グラス本体と底面がつながっていた——で飲むものだった。幅が広く、底が浅く、脚のついたクープグラスが使われるようになるのは18世紀も終わりに近づいてからである。クープグラスのかたちは、フランス宮廷の貴族女性の乳房をかたどったものと言われている（ポンパドール夫人の乳房だという説からマリー・アントワネットのものだという説まである。どれを信じるかはあな

ヴーヴ・クリコ社の書棚に残された手書きの記録。もっとも古いものは1772年に書かれた。

たの好みしだいだ)。やがてクープグラスは19世紀、そして20世紀のほとんどにおいて、もっともよく使われるシャンパングラスになった。

◉ヴーヴ・クリコ

シャンパンの世界的な名声を守り、維持していくためには、上流階級に向けたマーケティングが重要である(これは現在も200年前も変わらない)。マーケティングといえば、懸命な努力の末に成功をおさめた偉大な女性を紹介しないわけにはいかない。のちに彼女の名前は「すばらしいシャンパン」を意味する言葉として世界中に知れわたる。そう、ヴーヴ・クリコだ。

未亡人《ヴーヴ》クリコは、業界で最初の偉大なシャ

ンパン販売者《マーケター》として長きにわたって名声を得てきた。今日でもなお、彼女の名前は世界的に有名なシャンパンを美しく飾り、このシャンパンはいまでも、18世紀末に彼女が夫とともに設立した会社でつくられている。

19世紀初め、マダム・クリコの夫のフランソワは、31歳の若さでこの世を去った。未亡人になったとき、クリコはまだ20代後半だった。自分の実家も夫の実家も裕福だったため、おそらく彼女には働く必要などなかったはずだ。実際にフランソワが亡くなった当初、彼女と義父は会社を解散しようと考えていたという。しかし、クリコのなかには働き者の商人の血が流れていた。やがて彼女は、夫の会社の経営を引き受けることを決意する。

最初の年は困難に見舞われた。ナポレオン戦争が激化し、フランスはイギリスとの戦いを繰り広げる一方でロシアとも争うようになっていた。1806年、イギリス軍によってフランスの港が封鎖されると、クリコの会社の年間生産量の3分の1近くが無駄になった。そして1808年、ロシアがスウェーデンに宣戦布告したことで、その封鎖がバルト海にまで広がり、シャンパンの輸出はもはや不可能になった。また、かつてほど収入のないフランス貴族たちはシャンパンを買うことができなくなり、クリコもだんだんと行き詰まっていく。だがこの時期に、未亡人クリコは会社に自らの名前をつけて新たなスタートを切った。1810年、ヴーヴ・クリコ・ポンサルダン社の誕生だ。

しかし、あいかわらずシャンパン事業の収益はないまま数年が過ぎていった。1814年には、戦火はクリコの足元まで迫っていた。パリに進軍するコサック兵、プロイセン兵、ロシア兵たちによってランスの街が占領されると、ヴーヴ・クリコは自分のつくったシャンパンを必死に壁の中の貯蔵室に隠した。つくったばかりの隠し部屋が、シャンパンを敵兵から守ってくれることを願って……（シャンパーニュ地方にある数々の隠し貯蔵室は、その後130年間、つまり20世紀に勃発したふたつの世界大戦においてもたびたび活躍することになる）。

シャンパーニュ地方の貯蔵室の多くは、その後侵略してきた軍隊によって徹底的に荒らされた。しかし1814年にはようやく平和がおとずれ、敵の将校たちはシャンパンの甘美な味わいを記憶に残したまま帰っていった。その3年前、シャンパーニュはすばらしい豊作の年を迎えていた。当時の人々は、ブドウがよく実ったのは巨大な彗星が夜空を横切ったおかげだと考えていた。

1814年が終わるまでに、ヴーヴ・クリコは幸運が生んだ「彗星のワイン」をロシアに輸出する。当時、まだ停戦協定は結ばれていなかったので、ワインの輸出には大きな危険がともなった。だが彼女は、長いあいだシャンパンを飲めずにいたロシアの人々、そしていまこそ平和を祝うためにシャンパンを必要としている人々が自分のワインを気に入ってくれることに賭けたのである。

運は彼女に味方し、彼女のスパークリングワインはロシアの市場を独占するまでになった。クリコは、シャンパンの輸送船の船長に「ロシアに向かう途中、他国にシャンパンを持ち込まないこと」と「ほかの銘柄のシャンパンはいっさい運ばないこと」を約束させ、ロシア市場の支配をゆるぎないものにした。ロシアへの輸出量は劇的に増え、その後、数十年にわたってクリコの会社は黒字になった。

ほどなくして、ほかのシャンパン生産者たちもロシアと取引するようになり、フランスのシャンパンはロシアの宮廷で「神酒」として扱われはじめた。当時のシャンパンの甘い味わいがロシア人の嗜好をとらえたのだ。また19世紀には、ロシア宮廷のために特別にブレンドした甘口のキュヴェが何種類かつくられた。

もっとも有名なのがクリスタルである。これはシャンパン・メゾンのルイ・ロデレール社が1876年にロシアの皇帝《ツァーリ》のためにつくったものだが、ロシアの市場でも高いシェアを占めた。設立からちょうど100年目を迎えていたロデレール社は、それから40年後にロシア革命が起こるまで「ロシア帝室公認のシャンパン業者」の役を担いつづけた。この甘美なワインの人気は20世紀になっても衰えず、ロシアの人々は夕食のあとのシャンパンを楽しんだ。

◉技術革新

一方、当時のイギリスではポートワイン(ポルトガルのワイン)が食後酒として広まっていた。イギリスがポルトガルとの貿易を始めたのは、は17世紀にフランスと戦争を繰り広げていた頃である。その後もポルトガルとの貿易は続き、この時期にはポートワインがすっかり定着していた。ただしイギリスの上流階級のあいだでは、シャンパンを食事の前に飲む習慣も広まりつつあった。彼らは「もっと辛口のものをつくってほしい」とフランスの生産者に頼んでいたが、正真正銘の「辛口シャンパン」がつくられるまでには、さらに80年以上の歳月が必要だった。

その間、フランス人はシャンパンの生産についてより深く学び、品質の安定化を図ろうとしていた。ナポレオン時代、ワインの世界に大きく貢献する偉大な――だが、あまり知られていない――できごとを見てみよう。ひとつは、1800年から1804年までナポレオンの下で内務大臣をつとめた化学者、ジャン・アントワーヌ・シャプタルによるものである。

ワインの醸造プロセスを学んだシャプタルは、搾ったばかりのブドウ果汁に砂糖を加える方法を考え出した。その結果、シャンパーニュ地方の生産者たちは、アルコール度数がこれまでより数パーセント高いシャンパンをつくることができるようになった。砂糖を加えたことで、酵母の働きがより活発になったのである。シャプタルの名前にちなんで「シャプタリザシオン」と名づけられたこの補糖《ほとう》は、現在シャンパーニュ地方をはじめとするフランスのいくつかの地域でワイン法の規制対象になっている。

1836年、シャンパーニュ地方に住むアンドレ・フランソワという薬剤師が「できあがったシャンパンに含まれるべき砂糖の量」を明らかにした。砂糖を使いすぎると、酵母から過剰な二酸化炭素（CO_2）が発生する。すると炭酸ガスの圧力が高くなり、ボトルは爆発してしまう。この「砂糖の量の規定」によって、ボトルの破損に関するさまざまな問題がただちに解決したわけではないものの、このおかげで生産者たちは、味わいの面でも泡立ちの面でもより安定したシャンパンをつくれるようになった。

1825年にボトル充塡機《じゅうてんき》が発明され、その後、1827年にはコルク栓をボトルに詰める打栓機《だせんき》もつくられた。また、いわゆる「グランド・マルク」（大規模なシャンパン・メゾン）の多くも19世紀初頭に設立され、シャンパンづくりにおける新たな理論を取り入れていく。アンリオ社は1808年、ペリエ・ジュエ社は1811年、ローラン・ペリエ社は1812年、ビルカール・サルモン社は1818年、G・H・マム社とボランジェ社は1820年代後半に設立された。1830年代には、ボワゼル社やドゥーツ社、そしてポメリー社といったさらに名高いシャンパン・メゾンも現れた。

1840年までに、シャンパンの生産は少しずつ標準化されていった。だが、19世紀後半にシャンパンの生産方式を大きく変えることになる工程はまだ発見されていなかった。

当時、収穫されたブドウはすぐに圧搾され、そのまま一次醱酵を経てワインがつくられていた。その後、砂糖が加えられるとワインはボトルに移され、固く蓋をされたボトルの中で二次醱酵が起こるのを待つ。二次醱酵の最中にボトルが割れたり爆発を起こしたりするのは日常茶飯事だった。割れたボトルからは滝のようにシャンパンが噴き出し、貯蔵室の床を濡らした。作業員のなかには、激しい爆発によって負傷する者や命を落とす者もいた。

二次醱酵が終わると（つまり酵母が死滅すると）、それまで水平に保管されていたボトルは特製の台に移される。「ピュピトル」と呼ばれるこの逆V字形の木の台には、ボトルを差しこむための穴があいている。ピュピトルに据えられたボトルは、毎日手作業で揺すられるとともに、8分の1ずつ回転させられる。また、ピュピトルの脚は少しずつ少しずつ開かれていくので、最初は45度ぐらいの角度で差しこまれていたボトルが、だんだんと倒立状態になっていく。それによって、酵母の死骸をはじめ、さまざまな沈殿物がボトルの首の部分に集まってくる。「ルミュアージュ」と呼ばれるこの工程は、1810年代にヴーヴ・クリコの貯蔵室で発明された。

この時期、フランス人化学者、カデット・デ・ボークスがワインの糖度を測定する方法を編み出したことで、ワインを仔細に分析できるようになった。また、アンドレ・フランソワの方式を応用し、より的確なドザージュをおこなえるようにもなった。「ドザージュ」とは、糖分を加えたワインをシャンパンに添加する作業のことである（いくつかの方法が試されたが、砂糖を加えたワインを添加することが基本の方式になった）。

危険な作業はまだあった。ドザージュのために炭酸ガスの満ちたボトルを開ける作業である。ボトルの栓を開けると、先端に集まった沈殿物が泡立ったワインとともに噴出する。その後、目減りしたぶんを補填しつつ、ワインに適切なフレーバーと甘さを加えるために、ただちにドザージュがおこなわれる。

作業員たちはよく鉄製のマスクをつけてこの作業にあたったが、それでも安全が保証されたわけではなかった。すさまじい勢いではじけ飛ぶ栓は時としてマスクの隙間を通り抜け、作業員の目を打った。永遠に視力を奪われる者もいたという。ドザージュのあとは、すぐにコルク栓が差しこまれる。当初、コルク栓はひもで固定されていたが、やがて「ミュズレ」と呼ばれる針金製の栓押さえが用いられるようになった。これは１８４４年、有名なシャンパン・メゾン「ジャクソン社」の２代目であるアドルフ・ジャクソンが開発したものだ。

１８４４年から１８４６年にかけて工業化が進み、ボトルの洗浄機、高精度のコルク打栓機、ドザージュのための装置などがつくられた。金銭的に余裕のある――あるいは機械化への強い意志がある――シャンパン生産者たちは、こうした最新式の機械を積極的に取り入れていった。だが当時、機械が正しく設置されていなかったり、思ったとおりに作動しなかったりすることが多かった。つまり、新たな機械が発明されてから数十年間は、貯蔵室が危険な場所であることに変わりなかった。

●シャンパンをめぐる「世界大戦」

最新の機械が導入されていく一方、シャンパンの人気はあいかわらず上昇を続けていた。必然的に、近隣のワイン生産者たちはスパークリングワインの生産に興味を抱きはじめる。１８２０年、最初にこのビジネスに手を出したのはブルゴーニュの生産者たちである。彼らの参入は、シャンパンをめぐる「世界大戦」の引き金となった。その後、シャンパン生産者たちは、自分たちの威信をかけて、ほかの地域のスパークリングワインが「シャンパン」の名を騙《かた》るのを阻止すべく闘うことになる。

シャンパン・メゾンは、それぞれが独自の味わいをつくりあげていた。どの生産者も香りや風味、さらに泡に個性をもたせるために、毎年さまざまなブドウ畑のワインをブレンドするようになる。彼らは、ほかのワインとブレンドするまでのあいだ、自分たちのスティルワインを保存しておく技術ももっていた。そのため、シャンパーニュ地方では毎年安定した味わいのスパークリングワインをつくることができたのである。

この点、生産年によって味わいが著しく異なるほかの産地のワインとは大きく違う。シャンパン・メゾンのもうひとつの特徴は、ブドウ栽培者と長期的な契約を結んでいることだ。シャンパン・メゾンと提携しているのは、よいブドウが育つ地域――やがて公式な「シャンパン生産地」として定められる地域――のきわめて優秀な栽培者たちである。

19世紀半ば、鉄道をはじめとする新たな輸送手段がシャンパーニュ地方にまで広がったことで、19世紀後半のシャンパン産業はさらなる発展に向けて躍進した。しかし、自然がいつも味方をしてくれるとはかぎらなかった。１８５２年、最初の伝染性病害「オイディウム（うどんこ病）」［葉に白カビが発生する病気］がブドウ畑を襲った。続いて１８７８年には「べと病」［葉に黄褐色の斑点ができる病気］が蔓延した。どちらも根絶することは不可能だったが、それらがきっかけとなって、硫黄《いおう》と硫酸銅《りゅうさんどう》の混合剤がブドウのカビを防ぐのに役立つことが明らかになった。

ふたつめの病害がブドウ畑に襲いかかる少し前、脅威は人類のもとにもおとずれた。１８７０年、普仏《ふふつ》戦争が勃発《ぼっぱつ》したのである。この戦争もまた、シャンパンの輸出に壊滅的な打撃を与えた。南北戦争（1861年〜1865年）が終わり、ちょうどアメリカのワイン市場が復活のきざしを見せていた時期だった。南北戦争が起こる少し前、シャンパン生産者のシャルル・エドシック（「シャンパン・チャーリー」の愛称で知られる）は、市場開拓のために意気揚々とアメリカを旅していた。1852年にボストンに入港した彼は、持ち前の話術と魅力で商談相手をとりこにしていったが、南北戦争が始まると同時にアメリカはシャンパンの輸入を取りやめた。

◉しのぎをけずる

当時はまた、「シャンパーニュ地方に革新をもたらした3人の未亡人」のふたりめ、ルイーズ・ポメリーが頭角を現した時期でもある。1858年、ポメリーは39歳で夫に先立たれた。その後彼女は、赤ワインを扱っていた夫の会社「ポメリー&グレノ」を引き継ぎ、その会社をシャンパン・メゾンに転換させて成功をおさめたのである。

普仏戦争が始まる少し前から、この精力的な未亡人ポメリーは「辛口」のシャンパンをつくるためにさまざまな実験をおこないはじめた。多くの人が甘口のシャンパンに飽きてきている――ロンドンやニューヨークからそういう知らせが届くようになった頃だ（ロシアと東欧諸国だけは例外だった）。普仏戦争が終わると、彼女はふたたび実験に精を出した。そして1874年（偶然にもこの年は19世紀でも有数のブドウの当たり年だった）、ポメリーはついに「ブリュット」のシャンパン

1910年に撮影されたアヤラ社。ブドウ栽培者たちが1911年に起こした大規模な暴動によってこの建物は破壊されたが、翌年再建された。

をつくることに成功した。

19世紀半ば、シャンパーニュ地方では多くのシャンパン・メゾンが設立されていった。この時期に設立されたメゾンには、1840年代創業のクリュッグ社とポル・ロジェ社、1850年代のJ・ルモワンヌ社とデュヴァル=ルロワ社、1860年代のアヤラ社とカナール・デュシェーヌ社、アルフレッド・グラシアン社などがある。また、フィリポナ社もこの時期を代表するシャンパン・メゾンだ。長い歴史をもつフィリポナ家は、1522年にはすでにブドウの栽培やワインの取引をおこなっていた。しかし18世紀半ばに、シャンパンの販売を目的として「現代化」を遂げた。

一方、ブドウ畑の所有者のなかにもシャンパンの生産に手を出す者がいた。ただしたいていの場合、新たなワイン会社を設立するだけの資金を用意できるのは、小売商や貿易商や銀行家といった事業家か、あるいは貴族に限られた。たとえばアヤラ社は、スペインの貴族の家系に生まれ、コロンビアの外交官をつとめていたエドモンド・デ・アヤラによって設立されたシャンパン・メゾンである。彼のフランス人の妻の嫁入り資産のなかには、シャンパーニュ地方のアイとマルイユ・シュル・アイのブドウ畑があった。

時が経つにつれて、ますます多くのブドウ栽培者や小規模のワイン生産者がブドウの栽培と（スティル）ワインづくりに尽力し、シャンパン・メゾンに出荷するようになっていく。19世紀初めには年間60万本のボトルを販売していたシャンパン生産者たちは、19世紀が終わる頃には3000万本を売り上げるまでになる。ボトルのラベル、ポスターやポストカード、ほかにもあらゆる広告

1840年頃に醸造されたシャンパンのラベル。シャンパンの高貴なイメージを大衆に印象づけようとしていたのがわかる。

1880年頃のシャンパンのラベル。「フランス国民とイギリス国民の団結」という政治的なメッセージが込められている。

がシャンパンを「最高級の飲み物」と宣伝し、大衆に広く印象づけた。

20世紀が目前に迫る頃、有名なレストラン「マキシム」や、中産階級の人々が集まるナイトクラブではシャンパンを飲むことがあたりまえになっていた。成金、商人、そして貴族階級に生まれることができなかった多くの「小金持ち」が、人々をとりこにするシャンパンに夢中になった。シャンパンはまさに、魅惑の存在となったのである。

●象徴としてのシャンパン

一方で、シャンパンは「飛行」の象徴にもなった。1783年のフランスで初めての有人気球飛行が成功して間もない頃のこと。熱気球は上昇するときも下降するときも不規則に動くため、飛行者を着陸目標地点から数マイル離れた農地の真ん中まで運んでしまうことがめずらしくなかった。当然、謎の飛行物体に驚き、脅威を感じた農民は自分の農地を守るために駆けつけてくる。

やがて飛行者たちは、シャンパンのボトルをもって気球に乗りこむようになった。着陸したときに栓を開けて農家たちと分け合うためだ。シャンパンの本質は「味のよいフランスのワイン」であり、尊重されるべき飲み物だ。おかげで、農家たちはフランスの気球乗りに敬意を払うようになったという。これこそ、数々の魅惑的なスポーツや乗り物とシャンパンが結びつくきっかけとなったエピソードである。

シャンパンのイメージは、競馬、狩猟、漕艇《そうてい》［ボート競技］といったさまざまな富裕層のスポーツとも結びつくようになった。ブルジョワジーたちはこの高貴なイメージを愛し、貴族の地位に近づくための小道具としてシャンパンを買いあさった。彼らは派手に散財したいとき、公私を問わずあらゆる席でシャンパンを開けた。シャンパンは世界中の人々の羨望の的となった。そして、その地位がたしかなものであるかぎり、財力のある者はシャンパンを求めつづけた。

19世紀後半、シャンパンの製造に関する理解が深まったおかげで、生産者たちは製品の幅を広げることができるようになった。彼らは味わいや品質の違うシャンパンをつくり、別々の市場に向けて販売した。たとえばマム社は、1880年代に数種類のスタイルのシャンパンをつくっている。もっとも辛口の「コルドン・ルージュ」、もっとも甘口の「カルト・ブランシュ」、その中間に「エクストラ・ドライ」があった。この時期、それぞれのシャンパンがターゲットにしていた性別は異なっていた。甘口のシャンパンは女性用、男性は辛口を選ぶべきだという風潮があったのだ。

セヴェリン・ルーセン『果物とシャンパンの静物画 *Still Life With Fruit And Champagne*』

第4章 ◉ 世界に広がるスパークリングワイン

◉「本物のシャンパン」

19世紀の終わりまでに、全世界の数十か所に存在するワイン産地で「シャンパン」と称したスパークリングワインの生産がさかんにおこなわれるようになった。なかには非常に出来のよいものもあったが、シャンパーニュ地方のスパークリングワイン生産者はそうした風潮に異を唱えた。「フランスのシャンパーニュ地方でつくられたものだけが本物のシャンパンだ。それ以外はただの発泡性ワインであり、シャンパンではない。それらをシャンパンと呼ぶことは許されない」

こうして1878年、シャンパーニュ地方の生産者たちの闘いが始まった――シャンパンの名が世界中でみだりに使われるのを防ぐために。その4年後には「シャンパーニュメゾン組合（UMC）」が発足する。この組合は現在も「世界中で〝シャンパン〟の名が不正使用されることを阻止する」

活動を続けている。

１８９０年代、クリミアのワイン製造会社はフランスの生産者たちを自国に招待し、スパークリングワインの製造を依頼するようになった。こうして生まれたいくつもの銘柄のスパークリングワインは、総じて「シャンパンスコエ」の名で知られた。その後１９０４年、ＵＭＣにとって重要な問題が起こる。ロシア政府が自国のスパークリングワイン生産者であるオデッサ社に対し、「ロデレール」や「シャンパン」といった言葉の不正使用をやめるよう命じたのだ。つまり、フランスが保護政策を打ち出す前に、国外でもシャンパンの名前を守ろうとする動きがあったのである。

シャンパン・メゾンのなかでもきわめて強い影響力をもつマム社とパイパー・エドシック社の後押しのおかげで、ＵＭＣは世界各地に駐在するフランスの外交官と連絡を取り合えるようになった。その結果、よそのスパークリングワイン生産者たちが不正を働いたときにはすぐにその情報を知ることが可能になった。シャンパーニュ地方の生産者たちは、法的措置と外交術によって自分たちの名前を守った。彼らはまた、シャンパンをシャンパンたらしめるものは単なる醸造の方法ではなく「テロワール」〔気候、土壌、地形など、ブドウをとりまくすべての環境のこと〕であるという考え方を世に広めた。

その後、スパークリングワインのラベルに「シャンパン」の名を使う（ＵＭＣに言わせれば「悪用する」）者が出現しないように、ＵＭＣはほかの地域のスパークリングワイン生産者たちを徹底的に追い詰めていった。何人かの生産者は法廷に突き出された。ＵＭＣは、ときには泣き落としで迫り、ときには理詰めで抗議し、ときには言葉たくみに相手をまるめこみ、シャンパンの名前を守りつづけた。近年、新たな条約によって「シャンパーニュ地方のスパークリングワインのなかでも一定の品質に達していないものはシャンパンの名前を使えない」と定められた。現在ではEUも「〝シャンパン〟とは、シャンパーニュ地方のテロワールにもとづいた名前である」という考え方を支持している。

◉台頭するスパークリングワイン

シャンパンの名前の規定についてはいったん置いておこう。19世紀の終わりから20世紀初頭にかけて、いくつものすばらしいスパークリングワインが生まれた。フランスではブルゴーニュ、アルザス、ロワールなどの地域、ヨーロッパでは、ドイツ、スペイン、イタリア北部がとくに目立った存在だった。またオーストラリア、アメリカ、南アフリカに移住したヨーロッパの人々も、さまざまな品種のブドウとその土地でとれる果物を用いて独自のスパークリングワインをつくるようになった。

シャンパーニュ地方のスパークリングワイン生産者にとって、ほかの地域の生産者たちは「本物のシャンパン」の品質と名声に便乗する模倣者にすぎなかった。しかし、シャンパーニュ以外の地域の生産者たちには、シャンパーニュの人々がシャンパンの名をほかにわたしたくないと考える理由がわかっていなかった。「模倣はもっとも誠実なお世辞である」という言葉があるが、現実にはシャンパーニュの生産者たちにとって模倣は迷惑なだけだった。この時期にはよくあることだったが、とくに「模造シャンパン」の質がよくなかったときには、これはシャンパーニュ地方への大きなダメージとなった。

そもそも、シャンパンを騙《かた》るスパークリングワインは品質においても味わいにおいてもばらつきがあった。基本的に、シャンパーニュ地方以外のスパークリングワイン生産者は3つのタイプに分けられる。ひとつは、おもにシャンパンと同じブドウを使い、「シャンパン風」のスパークリングワインをつくる生産者たち。次に、その土地のブドウとテロワールを最大限に活かし、自分たちなりの「最高のスパークリングワイン」をつくる生産者たち。そして最後は、「とりあえず泡さえ立てばいい」という考え方のもとにスパークリングワインをつくり、市場に流す者たちである。

◉アメリカ

当時は、世界中にこの第三の生産者たちがはびこっていた。ほとんどの国では、シャンパンは「評判のよい、泡が立つワイン」程度にしか理解されていなかったのである。当時、アメリカの大部分の地域では従来のワイン用ブドウの生産はおこなわれていなかったものの、アメリカブドウ（ラブルスカ種）をはじめとするさまざまなブドウを用いてスパークリングワインをつくる生産者がいた。

こうしたブドウからつくられるワインは、「甘い」「香りがよい」などと好意的に評価されることもあったが、独特な香りを「フォクシー・フレーバー」（狐臭《こしゅう》）と呼び、嫌う者も多かった。それでも、多くのアメリカ人は「シャンパン」を求めていた。そして、あくどい生産者たちは使えるものならどんなものでも使って「発泡ワイン」をつくりつづけた。

イギリスの作家チャールズ・ディケンズは１８４２年にアメリカを訪れた際、偽造シャンパンの原料にはとんでもないものがあることを知った。甘味をつけたカブを使ったものまであったという。ディケンズの故郷イギリスにも、手段を選ばないスパークリングワイン生産者が存在していた。ある生産者は、１８５1年のロンドン万博にルバーブ［強い酸味を持つタデ科の野菜］からつくられたワインを出展している。

だが、アメリカのスパークリングワイン産業の状況も19世紀末までには改善された。ニューヨーク北部に上質なブドウ畑がつくられたり、カリフォルニア各地にワイン用ブドウ畑ができたりしたのに加え、シャンパーニュ地方の伝統的な生産方式を取り入れるために政府が投資をおこなったのだ。一方、イギリスでワイン用のブドウの栽培が始まり、みごとなスパークリングワインがつくられるようになるまでには、それからさらに1世紀を待たなければならなかった。

◉ブルゴーニュ

ヨーロッパのワイン産地でスパークリングワインをつくる生産者たちは、ほかの地域に比べてはるかに高度な醸造技術をもち、ワイン用ブドウの栽培にも精通していた。シャンパーニュと同じくフランス北部に位置していたブルゴーニュ、ロワール、アルザス、ジュラなどのワイン産地では「シャンパン風」のスパークリングワインがつくられた。その代表はシャンパーニュの真南にあるブルゴーニュだ。この地域では、シャンパンの原料でもあるシャルドネとピノ・ノワールの栽培が伝統的におこなわれていたのである。

1820年、ブルゴーニュの名門商家の一族であったプティオ・グロフィエは、スパークリングワインをつくるためにシャンパーニュ地方の生産者を自分の会社に引き入れた。「シャンパンそっくりのスパークリングワイン」を目標にしていたグロフィエは、1826年に自分たちのスパークリングワインを「フルール・ド・シャンパーニュ」という名で市場に出した。そして、パリをはじめとする大都市で「シャンパンと同等の品質でシャンパンよりも安い」とうたって販売したのである。わずか数年のうちに、フルール・ド・シャンパーニュは年間500万本を売り上げるまでになった。

これに続き、ブルゴーニュのほかの生産者たちもこの市場に参入してきた。その後20世紀を迎えるまでに、「ブルゴーニュ・ムスー」（発泡性ブルゴーニュワイン）と名づけられたスパークリングワインはフランスだけでなくアメリカ、アジア、アフリカにも輸出されるようになった。

●ドイツとイタリア

19世紀には多くのドイツ人が家族でシャンパーニュ地方に移住し、シャンパン・メゾンを設立した。彼らにはすでに、シャンパンづくりの素養が十分に備わっていたと考えられる。当時のドイツではスパークリングワインの生産がさかんだったからだ。そのうえ「ゼクトケラーライ」（スパークリングワインの醸造所）の所有者たちは、1820年代にはシャンパーニュ地方の生産者を雇い入れていた。オーストリアのスパークリングワインはドイツのそれとよく似ているため、どちらもゼクトと呼ばれる。ゼクトの生産が始まったのは19世紀の中頃である。

北イタリアにもスパークリングワインの種類は豊富にあり、ほとんどはつくられた地域にちなんだ名前がつけられている。たとえば、アスティ、アックイ・テルメ（「ブラケット・ダックイ」の生産地）、フランチャコルタ、ランブルスコ、そしてプロセッコなどである。初期のシャンパンと同じように、北イタリアのスパークリングワインも数世紀前に偶然にできたものだと考えられる。

実際、ブレシアでつくられるワインは中世の頃から発泡ワインとしてその名を知られていた。19世紀半ば以降、新たな醸造技術の普及と、一部の人々のあいだでのシャンパンの人気に後押しされて、北イタリアの生産者も自分たちの土地のブドウを使ってより現代的なスパークリングワインを

ドイツ・プファルツ地方の著名なゼクトケラーライ「フィッツ・リッタ」の貯蔵室には、初期のスパークリングワイン生産で使われていた器具が展示されている。

ドイツの「シャンパン」のポスター(19世紀)。フィッツ・アンド・バウスト醸造所の「泡立つワイン」を宣伝している。

19世紀、ドイツの「フィッツ・リッタ」の前身にあたる生産者が醸造したスパークリングワインには、こうしたラベルが用いられていた。当時、ドイツのスパークリングワインは「ムースレンダー」と呼ばれることもあった。

つくるようになった。

19世紀の終わりから20世紀初頭にかけて、数多くのイタリア人がブラジルやアルゼンチンに移住した。その結果、イタリアのスパークリングワイン生産技術が南米諸国にもたらされた。チリでスパークリングワインの生産がおこなわれるようになったのも19世紀終わり頃である。ビーニャ・バルディビエソのブドウ畑でピノ・ノワールの栽培が始まり、スパークリングワインをつくるためにシャンパーニュ地方の熟練の生産者がチリに招かれたのだ。

◉「カトーバワイン」

新世界のスパークリングワインを牽引《けんいん》したのはカリフォルニアとオーストラリアだった。また、アメリカのスパークリングワイン産業を盛り立てたのは、ドイツとイタリアからやってきた移民たちである。オハイオ州の都市シンシナティ近郊では、ドイツ系移民のあいだでスパークリングワインが絶大な人気を集めていた。このスパークリングワインは、ワイン生産者のニコラス・ロングワースがシャンパーニュ地方の生産者を雇って1842年に生み出したものである。原料にはアメリカ原産の「カトーバ」という品種のブドウが使われていたため、評判を聞いたオハイオ州周辺のブドウ畑ではカトーバの栽培が大いに流行した。

また、このスパークリングワインの人気は東海岸にまで広がり、ヨーロッパワインをたしなむようになっていた東部の人々のあいだでも人気を博した。アメリカの有名な詩人、ヘンリー・ワーズワース・ロングフェローは、自身の書いた詩「カトーバワインの頌歌《しょうか》」のなかで、カトーバワインがシャンパーニュやドイツやスペインのスパークリングワインよりもすぐれているとうたった。

イギリスでは、詩人ロバート・ブラウニングもカトーバワインを好み、イラストレイテッド・ロンドン・ニュース紙の記者のひとりは、カトーバワインを「シャンパンを超えたスパークリングワイン」と評した。フランスの植物学者ジュール・エミール・プランションも、1873年に中西部のブドウ畑をまわったときにカトーバワインを絶賛していたという。

●新世界のスパークリングワイン

初期のスパークリングワイン生産者のなかには、創業以来ずっと、質の低いスパークリングワインを大量に生み出しているところもある。また19世紀には、中西部やカリフォルニアに加えてニューヨーク北部にもワイナリーが急増した。1860年に誕生した「プレザント・バレー・ワイン・カンパニー」(現在はグレート・ウエスタン社としても知られる)は、1867年以来「アメリカン・シャンパン」でヨーロッパの数々の賞を獲得してきた。19世紀の後半には、カリフォルニアのイングルヌック社、クックス社、コーベル社が「シャンパン」と称したスパークリングワインをつくりだした。

一方、1862年の北カリフォルニアでは、ドイツ移民であるヤコブ・シュラムがナパの土地の一画を購入。彼はやがて、その地にカリフォルニア初の「スパークリングワイン専門ワイナリー」を設立する。現在でも有名なシュラムスバーグ社である。

スパークリングワインの生産は、シャンパーニュ地方からさらに離れた場所でもおこなわれるようになっていく。1851年、オーストラリアに移住したポーランド人、ヨーゼフ・セッペルトがビクトリア州にワイナリーを設立し、スパークリングワインづくりに取り組むようになった。セッペルト社は現在でも、伝統的な製法でスパークリングワインをつくることで有名である。いまやオーストラリアの名物ともいえる「スパークリングワイン・シラーズ」（赤いスパークリングワイン）が初めてつくられたのは1860年代だが、いまなお生産が続いている。

●伝統的な製法

19世紀が終わるまでに、シャンパーニュ地方ではスパークリングワインの生産方式が確立されていた。ほかの地域、とりわけシャンパンと同じ品種のブドウを用いていた地域でも、質のよいスパークリングワインをつくろうとする生産者たちは同じ方式を用いるようになった。この方式は「シャンパーニュ方式」（メトード・シャンプワーノ）として広く知られることになる。しかし現在では「シャンパーニュ」という言葉は使われなくなり、「伝統的方式」と呼ばれている（「メトード・ト

シャンパーニュ地方、モンターニュ・ド・ランスでのブドウの収穫。

ラディショナル」、「メトード・クラシック」、「メトード・トラディショナル・クラシック」ともいう)。ラベルにこれらの言葉が明記されていれば、質のよいスパークリングワインである証拠だ。

スパークリングワインづくりにおいては、複雑な作業、骨の折れる作業をいくつもこなさなければならない。その工程は19世紀からほとんど変わっていない。まずはブドウ畑にするための土地を用意し、予定する収穫量に見合った範囲を耕すことから始まる。

シャンパンに用いるブドウは毎年手摘みで収穫される。ブドウ独特の風味が強まり、酸味が際立ってきたら収穫のタイミングだ。ほかのテーブルワインをつくるときとは違い、熟しきった甘いブドウは使わない。黒ブドウに少しでも傷がつくとシャンパンに赤みが混ざる原因になるため、ブドウを扱うときはつねに細心の注意を払わなければならない。スパー

シャンパン用のブドウの圧搾には、いまではコンピューターが用いられている。

クリングワインの生産が小規模だった時代には、小型の圧搾機《あっさくき》を畑まで運んでその場でブドウを搾ることもできただろう。しかし、大型の圧搾機が用いられるようになってからは、ブドウが自重で潰れないように底の浅い容器を使って慎重に収穫し、そのままワイナリーまで運ぶのが一般的だ。その後、実を一粒ずつ取り外し、規定どおりの圧搾——シャンパンづくりに特有のデリケートな圧搾——をおこなう。搾り出されたムスト（ブドウの果汁）は醱酵槽に入れられ、醱酵が始まるのを待つ。

たいていの生産者は、それぞれの醱酵槽を収穫された畑ごとに別々に醱酵させる。一次醱酵を引き起こすときには培養酵母を加えることが多い。ブドウにもともと付着している天然酵母を研究所などで培養して使うこともあるが、ほとんどの場合、シャンパン生産用に特別に培養された酵母を用いる。培養酵母をうまく使えば、一貫性のある醱酵作用がもたらされるだけでなく、スパークリングワインに独特の風味を与えることもできる。とはいえ、ブドウ畑に存在する天然酵母だけを使う生産者もなかにはいる。どの酵母を用いるかはそれぞれのワイナリーが決めることだ。

ブドウの圧搾がおこなわれると、皮についている酵母が果汁と混ざり、やがて自然醱酵が始まる。しかし培養酵母を加えると、その醱酵力の強さのために天然の酵母は跡形もなく飲みこまれてしまう。

ブドウの糖分をすべてアルコールに転換してしまうと酵母は死に絶える。だが、これらのブドウは熟しきっていない状態で収穫されているので、テーブルワインに使われるブドウ、つまり秋の終わりに収穫されるよく熟れたブドウに比べると糖分は少ない。そのため、できあがったシャンパンのアルコール度数はテーブルワインよりも数パーセント低くなる。

醱酵は涼しい環境（だいたい18℃から20℃のあいだ）のもとでおよそ10日間続く。現在、シャンパンづくりの場で使われている醱酵槽のほとんどはステンレス製で、温度調節が可能なものだ。大小さまざまなオーク樽の中でワインを醱酵させる生産者がまれにいるのは、できあがったスパークリングワインに独特の風味をつけるためだ。

醱酵とともに槽の中の温度が上がりはじめると、ほとんどの生産者はそのままにしておくか、あるいは機械を使ってさらに高い温度まで引き上げる。これは、「マロラクティック醱酵」として知られる次の醱酵を引き起こすことを目的としている。この醱酵をおこなうことで、熟成期間の短い

シャンパーニュ地方のヴィルマール社の貯蔵室。樽の中には、二次醱酵を経てスパークリングワインになる前のスティルワインが入っている。

スパークリングワインであっても「まろやかな味わい」と「なめらかな舌触り」が加わるのである。

その後は、春（3月か4月）にブレンド（アッサンブラージュ）がおこなわれるまで、ワインはそのまま寝かされる。どのシャンパン・メゾンも、代々受け継がれるブレンド方式を通して独自の味わいを生み出している。また、ブレンドにあたっては何年か前につくられたスティルワインを用いることも可能だ。ブレンドをおこなうまでに「基準に達していない」と判断されたワインはブレンドの対象から外される。そういうワインは、そのまま安値で売り払われることもあるという。

大規模なシャンパン・メゾンには数十の、ときには数百ものワインの槽があり、それぞれの槽には別々に醗酵させられたワインが入っている。ブレンド用に選別されたワインはひとつの巨大な桶に移され、ゆっくりと混ぜ合わされる。この時点では、どのワインも泡のないスティルワインである。醗酵の副産物であるCO_2がまだワインに溶けこんでいないためだ。この段階になってようやく、瓶内二次醗酵のための準備がおこなわれる。まず、ワインに「リキュール・ド・ティラージュ」を加えることから始まる。リキュール・ド・ティラージュとは、スティルワインに酵母と糖（酵母に消費させるためのもの）を混ぜたものであり、これを加えることでふたたび醗酵作用を引き起こすことができる。

その後、ワインはボトルに詰められ、簡易的な王冠（ビールの栓に似たもの）で封をされる。化学者ルイ・パスツールが「ワインの醸造過程における酵母の働き」を明らかにしたのは1857年だが、その後リキュール・ド・ティラージュの適切な混合比が算出されるまでには何年もの試行錯誤が必要だった。そして1877年、エペルネに住んでいた大学教授エドゥアール・ロビネがその混合比をついに解明し、初めてリキュール・ド・ティラージュという言葉を用いた。以来、どの生産者もこのリキュール・ド・ティラージュを自分たちのシャンパンに加えるようになった。

それぞれのボトルはシャンパーニュ地方のチョーク層の地下にある涼しい貯蔵場に運ばれる。そこで木製の棚や台の上に横向きに並べられたあと、短ければ数週間、長ければ数年にもおよぶ熟成期間に入る。このとき、ボトルの中では「有益な自己分解」が起こる。つまり、酵母細胞が分解され、いくつかの成分がワインに吸収されるのだ。その間、澱《おり》（死んだ酵母をはじめとする、ワイン

シャンパン貯蔵室にある動瓶台。動瓶士（ルミュアー）が台と台のあいだに入れるように、それぞれの台は間隔を空けて配置されている。

の中に残った沈殿物）はゆっくりとボトルの底に溜まりはじめる（厳密に言えば、最初はボトルの側面に溜まっていく）。できあがったワインに焼きたてのトーストのような微妙な風味や香りを加えるのは、この澱である。

やがてボトルは木製の動瓶台《ピュピトル》に移される。動瓶士《ルミュアー》は毎日貯蔵室をおとずれ、ひとつひとつの台を順番にまわり、差しこまれたボトルを引き抜いては軽く揺すり、少しだけ回転させてからまた元に戻す。熟達した動瓶士《ルミュアー》であれば、1日に数万本のボトルを扱うことができるという。この作業は6週間から12週間かけておこなわれる。そのあいだ、ボトルにはだんだんと傾斜がつけられていき、動瓶《ルミュアージュ》が終わったときにはボトルはほとんど垂直に下を向いた状態になっている。傾斜をつけたことボトルを少しずつ動かしたことによって、ワインの澱がボトルの

動瓶が終わり、完全に下を向いた状態のシャンパンボトル。

ネック部分に集められるのである。

最近では、生産者の大半が機械を使って動瓶《ルミュアージュ》をおこなっている。その場合には、金網でできた巨大な正方形のカゴに数百本のボトルを配置し、機械的に動かすことができるため、作業に要する期間はきわめて短い。1週間と少しあればすべての工程を終えることができる。この巨大な自動回転機には、製造会社ごとに違う名称がつけられている。だが一般的には「ジャイロパレット」と呼ばれ、もっともよく使われる装置ではひとつのカゴに504本のボトルを収容できる。

現在、ほとんどのシャンパン生産者がジャイロパレットの利便性に頼っているものの、ポル・ロジェ社のように伝統主義を重んじるいくつかのシャンパン・メゾンは、いまも手作業で動瓶をおこなっている。

次に、ワインから澱を取り除く「凍結澱抜き」という工程がある。この方法は1884年に編み出され、現在でも続けられている。澱抜きがおこなわれるまで、スパークリングワインのボトルは逆さのままだ。まず、ボトルの先端を冷却用の塩水につける。マイナス28℃の塩水に浸されたボトルの首は当然のことながら、一瞬にして凍る。このとき王冠を開けると、凍った澱がごく少量のワインと一緒にボトルの口から飛び出してくる。その後、ワインに適切な風味を与え、ボトルを適切な量のワインで満たすためにドザージュがおこなわれる。

ドザージュに使われるリキュール（リキュール・デクスペディシオン、あるいは「門出のリキュール」と呼ばれる）のレシピは、それぞれの生産者が独自に考案したものだ。しかし、糖分をいくら

シャンパンの貯蔵室で危険な澱抜き作業に従事する人たち。誤って飛び出したコルクが、室内に並ぶボトルを粉々にしてしまうこともあった。現在、この作業は機械によっておこなわれている。

シャンパン用のコルク（写真はアモリン社製のもの）の直径は、テーブルワイン用のものより大きい。圧縮されてボトルに差しこまれ、ボトルから抜かれたあともマッシュルームのようなかたちを保つ。

かのアルコール（最初は、甘口だったシャンパンのアルコール度数を高めるためにコニャックが用いられていた）に混ぜるという点は共通している。

ドザージュが終わったあとは、大きな円筒形のコルクをすばやく圧縮し、ボトルに打ち込んでいく。だがこのとき、コルクの上部だけは圧縮されず、ボトルの外に顔を出したままである。そのため、抜栓《ばっせん》したあとのコルクは先端がふくらんだ独特の形状になる。その後、打ち込んだコルクが飛ばないようにミュズレ（針金製の栓押さえ）をかぶせ、留め金をネックの張り出し部分に固く締めてから、コルクとネックをキャップシールで包む。最後に、ボトルの正面と背面にラベルが貼られたあと、飲み頃を迎えた状態で世界中に出荷される。

ヴィンテージ・シャンパンがつくられるのは、ブドウの出来がよく、その年のワインが熟成を経て芳醇なものになると見込める年だけである。こうした年は数年に一度しかない。まさに大自然がもたらす幸運といえるだろう。「ヴィンテージ」のブレンドに使えるのは、特別な年のブドウからつくったワインだけだ。ヴィンテージ・シャンパンは、ときとして通常のシャンパンよりも長く貯蔵される。味と香りが最高潮に達してようやく、人々のもとに届けられるのだ（一部のヴィンテージは、その後も長い年月をボトルの中で過ごすことになる）。ヴィンテージ・シャンパンは、たいてい「レッサマン・デゴルジュ」（「最近、澱抜きした」という意味）である。つまり、ヴィンテージ・シャンパンは何年もかけて澱と触れ合ったあとで出荷される。

●大量生産の製法

別のスパークリングワインのつくり方もある。シャンパン・メゾンではなくほかの地域の、おもに質の低い商品をつくる生産者たちが用いる方式だ。たとえばワインの種類によっては、ボトルに詰めず巨大なタンクの中で二次醱酵をさせるものがある。この方式は「シャルマ方式」（あるいは大量生産方式）として知られている。二次醱酵は密閉されたタンクの中で起こり、その後もワインは加圧されたままボトルに詰められる。このとき、ワインと澱が長い時間触れ合うことはなく、結果的に単調な、そして安価なスパークリングワインができあがる。

とはいえ、ワインに用いるブドウの品種によっては、シャルマ方式は最良の生産方式にもなりうる。たとえばプロセッコ。このワインは、長いあいだ澱に触れていると本来のすっきりとした果実味がそこなわれてしまう。

ほかにも、時間のかかる動瓶作業を省くために考案された「トランスファー方式」と呼ばれるものがある。この方式では、二次醱酵が終わったあとでボトルを開け、ワインをタンクに移す。その後、ふたたびボトルに詰める前に、タンクの中で澱を取り除く。こうすれば、動瓶に要する時間も費用も発生しない。しかし、一度に大量のワインを扱うこのやり方では低品質のスパークリングワインしかつくれない。のちに大規模な動瓶機（ジャイロパレット）が発明されたことで、トランスファー方式を用いる意味はほとんどなくなってしまった。

質は低いが安く大量生産する技術というものもある。たとえば、短期間でおこなわれるロシア式の「断続方式」では、スティルワインは数日かけて複数のタンクの中を順番に通り抜けていく。最初に通るタンクには酵母と糖分が入っているため、ワインはタンクの中で二次醱酵を起こす。そのあとに通るタンクの中でワインを濾過して不純物を取り除き、ボトル詰めができる状態にする。

この方式では、澱——豊かなフレーバーとアロマをもたらしてくれる物質——とじかに接するのはごく少量のワインのみ。そのため、結果的に面白みのないスパークリングワインがつくられる。そして、もっとも手間がかからない方法は、スティルワインに炭酸ガスを注入することである。この方法を用いると、いっそう味気ない発泡飲料ができあがる。

昔のスパークリングワインの味を保とうとする生産者たちは、「職人技」を駆使した製法を用いることが多い。こうした製法は、「先祖伝来方式」（メトード・アンセストラル）、「職人方式」（メトード・アーティザナル）、「田舎方式」（メトード・リュラル）などと呼ばれる。彼らは、人為的な二次醱酵をおこなわない昔ながらのやり方でスパークリングワインをつくっている。数世紀前、泡が偶然生まれていた頃と同じように。

第5章 ◉ 激動の20世紀

20世紀が始まった頃、シャンパンの名は全世界に知れわたっていた。はたして、これこそがシャンパン生産者たちの望んでいたことだったのだろうか？——答えはイエスであり、ノーだ。当時、誰もが祝いごとのためにシャンパンを求めてはいたものの、実際にシャンパンを手にすることができたのは一部の富裕層だけだった。こうした状況のなかで、世界各地のスパークリングワイン産業が勢いを増しはじめた。どのスパークリングワインも安価なうえに、一般の消費者でも簡単に買うことができたからだ。さらに、ほとんどの商品がシャンパンと同じブドウ、同じような製法を用いていた。すばらしいスパークリングワインをつくっているのは、もはやシャンパーニュ地方の生産者だけではなくなったのだ。さまざまなスパークリングワインの台頭は、シャンパン生産者たちへの手痛い打撃を意味した。とくに、20世紀に押しよせてきた戦争や不況の時期においては耐えがたいダメージとなった。

1894年にウォルター・クレインがデザインしたベル・エポック調のポスター。シャンパンが秘めた「情愛」と「栄光」のイメージが艶やかに描かれている。

20世紀初頭のポスター。シャンパンは「富」と「性」への渇望を満たすものだと示唆している。

しかし彼らはめげることなくシャンパンの販売に力を注ぎ、結果的にそれまで以上に需要を増やすことに成功する。また彼らは、20世紀の終わりが近づくにつれて、よりすぐれたブドウ栽培地で自分たちのスパークリングワインをつくるために、シャンパーニュ以外の地域にも目を向けるようになった。いくつかのシャンパン・メゾンは、カリフォルニア、オーストラリア、アルゼンチンといった評判のよいワイン産地に自社のワイナリーを設立した。

さらに、彼らは驚くべき考えを広めるようになる。たとえば、フランス国内に新たな「シャンパン生産地」を設けることや、イギリス海峡を越えた先の白亜質の石灰岩――シャンパーニュ地方と同じ、良質なブドウを育てるのに欠かせないもの――が広がる土地をスパークリングワイン生産地の候補にするといったアイデアだ。

◉第一次世界大戦

20世紀前半に起こった二度の凄惨《せいさん》な世界大戦は、シャンパーニュの土地に甚大な被害を与えた。この時期のシャンパン生産者たちは経済的な圧力に苦しめられた。第一次世界大戦のあいだ、シャンパーニュの住民は定期的に地下の貯蔵室に逃げこみ、地上で砲弾が飛び交うあいだはそこで共同生活を送った。

シャンパン生産者たちは、生計を立てるためにシャンパンの販売を続けながらも、ブドウ畑とワインを敵軍の魔の手から守るために尽力していた。生産者たちが困難な作業を成し遂げたのはこの時期のことだ。彼らは、自分たちの畑のブドウの根を断ち切り、アメリカから輸入した台木に接ぎ木をおこなったのである。これは、数十年にわたってヨーロッパのブドウ畑に損害を与えてきた害虫「フィロキセラ」［ブドウネアブラムシ。ブドウの根や葉に寄生してブドウの成長を著しく阻害する］への唯一の対抗策だった。

シャンパーニュ地方はドイツからそう離れていなかったため――そのうえ国境線が何度も変わっていたため――戦争中は住民のフランスへの忠誠心が問題視されることがあった。ワイン生産者やほかのワイン事業者のなかには、先祖がシャンパンをつくるためにドイツから移住してきて、その後何世代にもわたってドイツ国籍をもちつづけてきたという一族もいた。彼らにとって、徴兵は大きな懸念事項だった。そして事件は、1827年からフランスに定住していたシャンパン生産者、ヘルマン・フォン・マムの身に起こる。ヘルマンは1914年にブルターニュに抑留され、G・H・マム社の実権がフランス政府の手にわたったのである。

やがてシャンパーニュ地方を支配下に置いたドイツ軍は、手当たりしだいにシャンパンを飲みつくした。生産者たちは可能な限り多くのボトルを壁の中の貯蔵室に隠していたが、そうした貴重なシャンパンもドイツ兵は見つけだした。大戦が終わる頃には、ヨーロッパにおけるシャンパンの取引事情はすっかり変わってしまった。オーストリア・ハンガリー帝国とロシア帝国が、大勢の高貴な顧客とともにこの世から消えたからである。そのうえ、シャンパーニュ地方にはシャンパンの在庫がほとんど残っていなかった。

数多くのブドウ畑が——あるいは村そのものが——爆弾、毒ガス、その他の攻撃によって壊滅状態に追いこまれていた。あまりに痛ましい戦争だった。休戦協定が結ばれた11月11日の11時は、シャンパーニュ地方のすべての村の住民にとって、けっして忘れることのできない時刻である。

第一次世界大戦が始まる前と終戦直後の両時期に、ロシアではおびただしい量のスパークリングワインがつくられた。どのスパークリングワインも、他国から輸入したムストやワインだけでなく自国でとれるブドウも原料に加え、大量生産方式や断続方式を駆使して生産したものである。ロシアでもっとも名の通ったスパークリングワイン製造会社「アブラウ・ドゥルソ社」は1890年代にフランス人を採用し、自社の「シャンパン生産」の監督をさせていた。同社は現在でもスパークリングワインの生産を続けており、自分たちの商品を誇らしげに「ソヴィエトスコエ・シャンパンスコエ」と呼んでいる。その後、スターリン時代の初期には、シャンパンは「エリート主義」の飲み物として国民から冷遇されるようになっていた。

しかし1936年になると、ソヴィエト連邦政府はとつぜん「われわれの政治体制と国民生活の成功を世界に知らしめる」という決定を下す。政府に認められた「シャンパン」は、豪華な箱に入った菓子や缶入りのキャビアなどの贅沢品と同じように、優先的に生産された。やがて、大都市のまわりにさまざまな生産施設がつくられたことで、ソ連のスパークリングワイン産業の工業化が進み、生産量も増大した。ただし、すべての国民が結婚や祝典のために「ソヴィエト・シャンパン」

1952年のポスター。「ソヴィエトスコエ・シャンパンスコエ（ソヴィエト・シャンパン）」は「最高のブドウ酒」だと宣伝している。

を買うよう指導されていたものの、実際に買うことができたのは都市部に住むひと握りの富裕層だけだった。

フランスのシャンパン産業も復活のきざしを見せていた。「狂乱の20年代」がおとずれ、ヨーロッパとイギリスにおけるシャンパンの人気がふたたび高まっていたのだ。だが、大西洋のむこうのアメリカでは禁酒法が施行されていたため、1920年から1933年まで一部の大胆な密輸業者以外はシャンパンを輸出することができなかった（密輸業者はカリブ海諸国やカナダからシャンパンを密輸し、アメリカの裕福な顧客のもとに届けていた）。しかし、世界恐慌によって狂乱の20年代が終焉を迎えると、シャンパーニュ地方はさらなる窮地に立たされることになる。

◉第二次世界大戦

第二次世界大戦は、アメリカの経済に急激な成長をもたらした。しかしフランスにとっては、恐ろしい既視感《デジャヴュ》を引き起こすものでしかなかった。激しい戦いの嵐が、またしてもシャンパーニュ地方に吹き荒れたのである。シャンパンの需要は減り、輸出はほとんど不可能になった。シャンパン生産者たちは生計を立てる必要に迫られながら、もっとも大口の顧客――彼らの敵であるドイツの統治者たち――にシャンパンを供給するという、政治的にも心情的にも苦しい仕事をこなさなければならなかった。ベルリンからは、毎週数十万本のシャンパンを供給するよう要請があったが、彼らはほんのわずかな代金しか支払わなかった。

この戦争では、村やブドウ畑は攻撃をまぬがれていたため、前回の戦争に比べると被害は少なかったといえる。だが、フランスにとって暗い歴史であることに変わりはない。この時期、シャンパンの供給先が限定されていただけでなく、圧倒的な人手不足のために畑の手入れ、ブドウの収穫、ワインの生産までもが十分にできなかったからだ。しかし、戦争の終結に際してはささやかな「詩的正義」を見ることができる。当時の連合国遠征軍最高司令官であり、のちのアメリカ大統領ドワイト・D・アイゼンハワーが、ドイツの降伏文書への調印をランスで――長い苦しみを味わってきたシャンパーニュの中心地で――おこなったのである。

◉シャンパーニュ暴動

第一次世界大戦勃発の少し前、シャンパン生産者たちはシャンパーニュの地に根ざした「シャンパン」の名を守るための活動を続けていた。彼らの望みは、シャンパン用のブドウの栽培地を明確に定めることだった。この時期、シャンパーニュ地方で最初の暴動が起こった。1908年、フランス政府は「シャンパン用のブドウの栽培が認められるのは、マルヌとエーヌ、ふたつの県だけである」と布告。しかしそれまでの数世紀、第3の県「オーブ」も栽培地のひとつとしてシャンパンの生産にかかわっていた。当然、オーブのブドウ栽培者はこれに抗議したが、結局フランスの

1911年のシャンパーニュ暴動。オーブ県のブドウ栽培者たちは、「オーブを公式のシャンパン生産地から除外する」という新たな法律に反発した。彼らの抗議によって法律が一部改正され、1927年にオーブはふたたび正式なシャンパン生産地として認められた。

法律が変わることはなかった。

激昂《げきこう》したオーブの栽培者たちは、1911年にとうとう「シャンパーニュ暴動」を起こす。この暴動によって法律は改正され、オーブはセーヌ・エ・マルヌと並んで、まずは「低級のシャンパン生産地」に指定された。その後1927年に、このふたつの県はふたたび正当なシャンパン生産地として認められたのである。このときに定められたシャンパーニュ地方の境界線は、つい最近まで変わらずに残っていた。

◉「ドン・ペリニヨン」誕生

生産地に境界が定められ、シャンパンの品質が保証されたあとも、シャンパーニュ地方の生産者にはまだ立ち向かうべき問題があった。ほかの地域のスパークリングワイン生産者——彼らの商品はすでに世界的な人気を博していた——との市場争いが激化していたのだ。

シャンパン生産者たちは世間の耳目《じもく》を集めつづけるために、シャンパンの味のよさや品質の高さをことあるごとに宣伝するようになった。あらゆる記念日に合わせてキャンペーンをおこない、大衆文化を含むさまざまな文化団体と提携し、映画界やファッション界の大物たちの力を存分に借りて、高貴で妖艶《ようえん》なシャンパンのイメージを確立していったのである。

当時のシャンパン業界における最大の成功は、モエ・エ・シャンドン社が「ドン・ペリニヨン」を生み出したことだろう。1882年にはシャンパン振興会の元祖である「シャンパーニュ地方ワイン商業組合」（のちのシャンパーニュメゾン組合）が発足した。この組合は1932年に「ドン・ペリニヨンがオーヴィレール修道院でシャンパンを〝発明〟した日」を勝手に定め、その250周年祝典を催した。このとき、組合の相談役のひとりは、この祝典のために特別にブレンドした高級シャンパンをつくろうと提案したという。結局このときには「特別なシャンパン」がつくられることはなかったが、数年後、モエ・エ・シャンドン社の専務取締役クール・ド・ヴォーグは、自分の手で「ドン・ペリニヨン」の名を冠するスパークリングワインをつくろうと決意する。

こうして彼は、ロンドンにあるモエ・エ・シャンドン社のイギリスでの独占代理店、サイモン・ブラザーズ社の創立100周年記念に合わせて1921年のヴィンテージをつくりあげた。クールはこれを18世紀風のデザインボトルに詰め、コルクをひもで結び、緑色の蠟《ろう》でしっかりと固めた。

ブドウが描かれた盾型《たて》のラベルは、モエ・エ・シャンドン社がナポレオン時代に用いていたものである。

その後、イギリスのサイモン・ブラザーズ社は大切な顧客に300本もの初代「キュヴェ・ドン・ペリニヨン」をふるまった。アメリカにドン・ペリニヨンの最初の100ケースが届けられたのは1936年の12月のこと。以来ドン・ペリニヨンは、最高位の祝典でふるまわれる世界一有名なシャンパンでありつづけてきた。現在、ワインリストに〝ドン〟のボトルを載せていない一流レストランは世界のどこにも存在しない。

シャンパーニュ地方の生産者たちは、売り上げを伸ばし、シャンパンの名を守るために活動を続けた。1942年、彼らの組合は「シャンパーニュメゾン組合（UMC）」に名前を変える。一方で小規模生産者たちは1943年に別の組合を立ち上げ、UMCと活動をともにするようになった。その後1994年にこの組合はUMCの傘下に加わっている。現在、UMCに加入しているシャンパン・メゾンの数は100を超える。どこも基本的に、栽培者からブドウを買い付け、ブレンドをおこなうことで自分たちの味をつくる。また、UMCの傘下には大手のメゾンも含まれる（規模が大きく、ブランドが確立されているシャンパン・メゾンは「グランド・マルク」と呼ばれる）。最近は、自分たちが栽培したブドウだけを使ってワインをつくる小規模生産者が増えてきているが、そういうタイプの生産者は組合には加入していない。

トレードマークの自転車に乗るマダム・ボランジェ。1960年代のシャンパーニュ地方で撮影された。

◉エリザベス・リリー・ボランジェ

第二次世界大戦後、ヴーヴ・クリコ、ルイーズ・ポメリーに次ぐ3人目の「偉大な未亡人」が歴史の舞台に登場する。エリザベス・リリー・ボランジェである。シャンパンにまつわるもっとも美しい言葉は彼女が残したものだ。

シャンパンを飲むのは、うれしいときと悲しいときだけ。
ひとりのときに飲むこともあります。
誰かといるときには、もちろん飲まなくてはなりません。
食欲がなければ少しひかえ、食欲があるときにはしっかり飲みます。
それ以外のとき、シャンパンには手を触れません。のどが渇いていないかぎりは。

1941年、夫を亡くしたリリーはボランジェ社を引き継いだ。その後、第二次世界大戦が終結すると、リリーは初めてイギリスとアメリカをおとずれる。「ボランジェ」のブランドに、ひいてはシャンパン業界そのものにふたたび活気を与えるために。またリリーは、スパークリングワインのラベルに初めて「RD」(「レッサマン・デゴルジュ」の略称)と表示した人物でもある。RDとは、澱《おり》とともに長期間保存し、通常より遅いタイミングで澱抜きをおこなうことで、複雑で深みのあるフレーバーとアロマを加えたスパークリングワインであることを示している。

ボランジェが最初につくったRDは1952年のヴィンテージで、1961年に発売された。やがてほかの生産者たちもこの製法を用いるようになり、現在では「最近、澱抜きをおこなった」ということの表示は、世界中のスパークリングワインのラベルで見られる。

1970年代のシャンパン業界は世界規模の不況に苦しめられることもあったが、大手のシャンパン・メゾンは依然としてブドウのブレンドに精を出し、自分たちの特有の味のスパークリングワインをつくっていた。ブドウ栽培者に支払う金額は実質的に大手のメゾンが決めていた。また、ブドウの栽培をおこなっている数百もの村はそれぞれ格付けされることになった。

特級と認められた村のワインのラベルには「グラン・クリュ」、次いで第1級の村のものには「プルミエ・クリュ」と記載された。それ以外の村の商品には単に村の名前だけが表示された。ブドウ栽培者に支払われる金額はこの等級によって大きく異なった。この格付けに憤《いきどお》る栽培者もいたが、結局のところ、シャンパンをつくるすべをもたない彼らにはどうすることもできなかった。シャンパーニュにおいては、シャンパン・メゾンこそが絶対のルールだったのである。

◉新しい顧客

この時期には別の動きもあった。20世紀半ばを過ぎると、潤沢な資産をもつ中産階級の人々の勢いが増してきた。これはシャンパン生産者にとって、「野心的な富裕層」という新たな顧客が現れたことを意味した。彼らはシャンパンの高貴なイメージに夢中になった。そして、シャンパン業界が目を向けている「上流階級の顧客」には自分たちも含まれると考えたのである。彼らは、いつでもシャンパンを買えるほど裕福なわけではなかったが、これまで以上にスパークリングワインを求めるようになった。

スパークリングワイン生産者のなかには、この熱狂的なシャンパン購買者層の存在に気づき、安価で甘口の商品を市場に氾濫させる者もいた。代表的なものとして、ピンク色の着色をほどこした「ピンク・シャンパン」や、発泡性の赤ワインとシャンパンを混ぜた「コールド・ダック」などを挙げることができる。だが、やがてこうした商品が中産階級や上位中産階級の肥えた舌を満足させることはなくなっていく。彼らは国内外のさまざまな地域を旅し、食とワインに関する幅広い知識を身につけはじめていたのである。そのため、20世紀後半になると、世界中の名だたるワイン産地の生産者たちは、新たに台頭した博識な顧客を相手にすべく、より高品質なスパークリングワイン

ブルゴーニュ地方のクレマン生産地の入り口に設置された看板。現在のフランスでは、「クレマン」はシャンパーニュ地方を除く地域で醸造されたスパークリングワインを指す。

をつくるようになった。

ブルゴーニュもそのうちのひとつだ。この地域では、1943年にワインに関するさまざまな基準を定めて「ブルゴーニュ・ムスー」をつくり出すまでの数十年間、スパークリングワインの質はばらばらだった。「ブルゴーニュ・ムスー」とは、特定の地域で栽培されたブドウを使い、特定の製法によってつくったスパークリングワインにのみ与えられる名である。その後1970年代には、ブルゴーニュのスパークリングワイン生産者たちはブドウとブドウ畑、そしてワインに対してより厳密な規定を定めた。そして、それらの規定を受けて、1975年に新たなAOC［アペラシオン・ドリジーヌ・コントロレ（原産地統制呼称）の略称。ブドウの生産地、製法、品質などの規定を満たす場合にのみ付与される］、「クレマン・ド・ブルゴーニュ」

ブルゴーニュのシャブリ地区でもっとも有名な生産者がつくったスパークリングワイン「シャブリ・ムスー」。ブルゴーニュ地方は、シャンパーニュ地方と同じくフランス北部のワイン産地であり、19世紀にスパークリングワインの生産が始まった。

が誕生した。

ソミュール周辺から果てはトゥーレーヌやアンジュまでという、ロワール渓谷沿いのワイン産地で「クレマン・ド・ロワール」のAOCが誕生したのも1975年のことだ。クレマン・ド・ロワールはシャンパンとは異なり、ロワール地方で伝統的に栽培されるブドウを使ったスパークリングワインである。また、同じくロワール地方のAOC「ヴーヴレ」の半数以上は、シュナン・ブラン（ロワール地方原産の白ワイン用ブドウ）からつくられるスパークリングワインだ。ロワール渓谷は現在、フランスで2番目に規模の大きいスパークリングワイン生産地である。

1990年まで、「クレマン」（「クリーミーな泡」という意味）とは「シャンパンよりもガス圧が低く、泡の少ないワイン」を指す言葉だった。しかしいまや、「シャンパーニュ地方以外でつくられた質のよいフランス産スパークリングワイン」を指す言葉になった。

だが、クレマンの名は自由に使えるわけではない。クレマンとして認められているAOCは、フランス北部のクレマン・ド・ブルゴーニュ、クレマン・ダルザス、クレマン・ド・ロワール、中部のクレマン・ド・ジュラ、クレマン・ド・ボルドー、南部のクレマン・ド・リムー、そしてローヌ県の東部、クレマン・ド・ディーだけである（また、隣の国にもクレマン・ド・ルクセンブルクがある）。

これらのスパークリングワインのほとんどは、シャンパンよりもガス圧が低く、わずかに炭酸が弱い。しかしどれもシャンパンと同じように伝統的な製法でつくられ、ブドウの収穫も必ず手摘みでおこなわれる。

●増える生産と消費

どの地域でも、スパークリングワインの生産量と流通量は増えつづけている。アルザスの場合、1979年のクレマン・ダルザスの生産量は100万本だったが、2008年には3300万本になっている。

現在、アルザスワインの年間生産量の22パーセントをクレマン・ダルザスが占めている。クレマン・ダルザスは安価でありながらも技巧の凝らされた、シャンパンの好敵手といえるスパークリングワインだ。このAOCのスパークリングワインは、アルザス産のブドウからつくられる（単体で使われることも、ほかの産地のブドウとブレンドされることもある）。ロゼ・スパークリングワインにはピノ・ノワールを使うのが一般的だが、白ブドウのみでつくられるスパークリングワイン「ブラン・ド・ブラン」にはピノ・ブランだけを用いることが多い。

フランスのスパークリングワインのなかには「クレマン」以外の名前がつけられているものもある。16世紀からスパークリングワインの生産がおこなわれている歴史的なワイン産地のリムーでは、現在3種類のスパークリングワインがつくられている。まず、クレマン・ド・リムー。このブリュットのスパークリングワインの原料はおもにシャルドネとシュナン・ブランで、そこに少量のモーザック種のブドウやピノ・ノワールが加えられる。次に、ブランケット・ド・リムーは、伝統的なモーザック種のブドウを使い、シュナン・ブランとシャルドネを10パーセント程度加えてつくられるブリュットのスパークリングワインである。そして最後に、ブランケット・メトード・アンセストラル。このスパークリングワインはモーザック種のブドウだけを使い、二次醱酵をおこなわない昔ながらの製法によってつくられる。

一方、ディーでは新たなブリュットであるクレマン・ド・ディーがつくられている。ディーではもともと、クレレット・ド・ディーが有名だった。クレレット・ド・ディーは、およそ2000年前、フランスの南東部にガリア人が暮らしていた頃からずっと生産が続けられている。このスパークリングワインは、クレレット種のブドウにマスカットやアリゴテ種のブドウを加えてつくられる。

●ドイツ

ドイツの「ゼクト」は、安価で手軽なスパークリングワインと言ってさしつかえないだろう。実際にゼクトのほとんどは、輸入したスティルワインを用いて大量生産方式でつくられたものである。ドイツでは「パールヴァイン」も安価なスパークリングワインとして有名だ。この弱発泡性のスパークリングワインは近年になって品質が向上している。

産地を問わず、ドイツ国内でとれるブドウからつくられるゼクトを「ドイチャーゼクト」という。ドイチャーゼクトには、ドイツ特有の品種から国際品種（世界中のワイン産地でつくられるブドウの品種）まで、さまざまなブドウを用いることが認められている。たとえばリースリング、ジルヴァーナー、ピノ・ブランとピノ・グリ、フクセルレーベ、ゲヴュルツトラミーナ、ピノ・ノワールなどである。ラベルに「ゼクトbA（Sekt b.A.）」あるいは「クヴァリテーツシャウムヴァインbA（Qualitätsschaumwein b.A.）」と表示され、生産地（ときには畑の名前まで）が記載されていれば、その生産地でつくられたブドウが原料の85パーセント以上を占めているということだ。

こうしたスパークリングワインのほとんどはワイナリーの委託を受けた醸造施設で生産されているが、ブドウ栽培者の私有地でつくられる場合もある。だが、どこでつくられていようと、ドイツのスパークリングワインの品質が過去のそれと比べて格段に向上しているのはたしかだ。

◉オーストリア

オーストリアのスパークリングワインは、たいていオーストリア原産のブドウからつくられる。チェコとスロバキアとの国境の近くにあるワイン産地、ヴァインフィアテルの北東部で栽培されるブドウ「ヴェルシュリースリング」と「グリューナー・ヴェルトリーナー」がおもな原料だ。また、国内で栽培されるブドウだけでなく、国際品種のブドウを使うことも認められている。

白ブドウも黒ブドウも使われているため、オーストリアのゼクトにはさまざまな味わいのものがある。ヴァインフィアテルの南方、ハンガリーとの国境の近くに位置するワイン産地「ブルゲンラント」には、ツヴァイゲルトやピノ・ノワールなどの黒ブドウを使った「赤いスパークリングワイン」の生産に特化したワイナリーもある。

◉イタリア

イタリア北部でも数々のスパークリングワインがつくられている。代表的なものはアスティ、ブラケット・ダックイ、フランチャコルタ、ランブルスコ、プロセッコあたりだろう。どれもよくできたスパークリングワインである。しかし20世紀半ば、軽率で恥知らずな生産者たちが質の悪い商品を大量に生み出したせいで、多くのイタリア産スパークリングワインの評判は地に堕ちることとなった。当時つくられたスパークリングワインは大半が甘口で、ボトルによって味にばらつきがあった。消費者たちは甘ったるい味に愛想をつかし、イタリア産スパークリングワインに見切りをつけたのである。

だが幸いにも、イタリアの生産者たちはここ十数年のあいだに、ブドウの品種から醸造方法までのあらゆる面での取り決めを整備することができた。乗り越えなければならない壁はいくつもあるが、彼らのたゆまぬ努力のおかげで、ようやく希望が見えてきたといえるだろう。ある地域の生産者たちは、大衆からの評価を一新するために自分たちのスパークリングワインに新しい名前をつけた。もともと「アスティ・スプマンテ」と呼ばれていたワインが、より上質な「アスティ」へと進化を遂げたのである。

一方、イタリアのスパークリングワイン生産者には「古いイメージを払拭する」という課題もある。かつて、いくつかの製造会社は海外に向けて積極的に広告活動をおこなっていた。たとえば、〝マルティーニ・エ・ロッシ、アスティ・スプマンテ〟とリズミカルに繰り返すコマーシャル・ソングは、いまだに多くのアメリカ人の脳内で反芻《はんすう》されている。1960年代に始まったこのコマーシャルのイメージにとらわれ、アスティを「安価な二流スパークリングワイン」だと思っている人は少なくないだろう。

イタリアのスパークリングワインに対する誤解はほかにもある。ランブルスコ種のブドウを使った「セラ・ランブルスコ」があまりに有名になったために、これを「地名」だと思いこんでいる人は多い。だが、セラ・ランブルスコは「フラテッリ・セラ社」でつくられる銘柄のひとつにすぎない。ちなみに、イギリスにおけるイタリア産のスパークリングワインの評判はあまりよいとはいえないが、ほかの国と同じく、最近になって少しずつ名誉を取り戻してきているようだ。

ランブルスコの名を冠するDOC［デノミナツィオーネ・ディ・オリージネ・コントロッラータ（イタリアにおける原産地統制呼称）の略称］がつくられるのは、エミリア＝ロマーニャ州とロンバルディア州である。どのワインも、ランブルスコ種のブドウを原料に用いている（単体で使われることもブレンドされることもある）。ランブルスコはイタリア国内では人気を集めているものの、世界的にはまだその価値を十分に認められてはいない――少なくとも、20世紀半ばに生まれた「イタリア産スパークリングワインへの不信感」を払拭《ふっしょく》できるほどの評価を得てはいない。

ロンバルディア州のフランチャコルタ地方でつくられる「フランチャコルタ」も同様である。1995年、フランチャコルタはイタリアのワインの分類における最上位であるDOCG［デノミナツィオーネ・ディ・オリージネ・コントロッラータ・エ・ガランティータ（保証つき統制原産地呼称）］の認定を受けた。このスパークリングワインは、おもにシャルドネを使い、ピノ・ビアンコ（ピノ・ブラン）やピノ・ネロ（ピノ・ノワール）をブレンドしてつくる。「ビアンコ・スプマンテ・クラシコ」（白）、「クレマン・スプマンテ・クラシコ」（白）、「ロザート・スプマンテ・クラシコ」（ロゼ）

コムーネ（イタリアの基礎自治体）のひとつ、ファッラ・ディ・ソリーゴ。プロセッコの生産地では、多くの畑が山腹に広がっている。この地区では、DOCGに認められたプロセッコである「プロセッコ・ディ・コネリアーノ・ヴァルドッビアーデネ」がつくられる。

などの種類があり、伝統的方式を用いて生産され、熟成期間は25か月から37か月である。

　また、フランチャコルタ特有のカテゴリである「サテン」は、もともとは商品名だったものの、現在では白ブドウだけでつくられたスパークリングワインを指す言葉になっている（サテン・ロゼの場合は最低15パーセントのピノ・ネロが加えられる）。

　イタリアのプロセッコには、生産者たちの本物の努力――自分たちの土地のブドウを最大限に活かしたスパークリングワインをつくるために一から積み重ねてきた努力――を見ることができる。プロセッコ用のブドウは、伝統的なシャンパン用ブドウとはほとんど正反対ともいえる扱い方をしなければならない。

　プロセッコの生産では、二次醱酵を終えるとすぐに澱が取り除かれる。ブドウの豊かな酸味を保ち、さわやかな味わいをつくり出すためだ。長いあいだ澱に触れていると、味と舌触りが重くなってしまうのである。また1920年には、イタリア人が「オートクレーブ」と呼ぶ加圧タンクが完成した。この中で二次醱酵を終えたプロセッコは、澱が取り除かれたあともそのまま保管される。そのため生産者たちは一年中、必要に応じてボトル詰めをおこなうことができる。

彼らは偉大なシャンパン・メゾンと同じ精神のもと、自分たちのスパークリングワインの品質と味わいを一定に保つことに力を注いでいる。オートクレーブが空になる前の数か月（1月から3月にかけてが一般的だ）、生産者たちは残ったプロセッコを新しい年のものとブレンドしてからボトルに詰める。これによって新鮮さが保たれるため、同じ銘柄のプロセッコを習慣的に飲んでいる顧客であっても、それぞれの味の差に気づくことはない。

◉スペイン

ヨーロッパで2番目に規模の大きい生産国であるスペインでは、ホセ・ラベントスが1872年に商業用の生産に着手して以来、厖大な量のスパークリングワインがつくられてきた。生産が始まってから5年も経たないうちに、スペイン産「シャンパン」（〝チャンパン〟とも呼ばれていた）はスペイン宮廷でふるまわれる唯一のスパークリングワインになった。この時期はちょうど、恐ろしい害虫「フィロキセラ」がフランスのブドウ園を荒らすようになった頃である。そのため、フラ

スペインの高品質なスパークリングワイン、カヴァ。ボトル詰めは機械でおこなわれる。

ンスの生産者の多くはスペイン産のブドウやワインに目を向けていた。その後フランスへの輸出が始まったことで、スペインのスパークリングワイン産業は急速に収益を増やしていった。これらのスパークリングワインは、やがて「カヴァ」として広く知られることになる。

やがて、スパークリングワインに関するさまざまな取り決めが定められ、カヴァは１９８６年にＤＯ「デノミナシオン・デ・オリヘン（スペインにおける原産地呼称）」の認定を受ける。カヴァの85パーセントはバルセロナ周辺の北東部の地域でつくられるが、一部は少し離れた中北部のワイン産地、リオハでつくられている。

カヴァの生産には伝統的方式が用いられるが、原料となるブドウはおもにマカベオ、チャレッロ、パレリャーダ、スビラといったスペインの品種である。ガルナッチャ（グルナッシュ）やモナストレル（ムー

手づくりの巨大な樽。カヴァの生産に用いられる。

20世紀初頭のバス。大手カヴァ生産者であるフレシネ社の広告が見える。

ルヴェードル）などの黒ブドウも原料として認められており、ロゼ・カヴァにはピノ・ノワールやトレパットも使われる。ブドウの収穫から数か月でブレンドがおこなわれ、澱とともに熟成させられる期間は最短で9か月。ほかのスパークリングワインに比べると、カヴァは若くてフレッシュな部類に入るだろう。

この数十年間は「安くてまずまずおいしい」という理由から、スペインのスパークリングワインは多くの国で人気を集めてきた。しかし近年、スペインでのワイン生産に関する基準が改定されたことで、カヴァの品質と価格はともに上昇傾向にある。黒色のボトルが特徴的なフレシネ社の「コルドン・ネグロ」は、スペイン産スパークリングワインの品質をアメリカの消費者に誇示し、人気に火をつけた商品のひとつである。一方でイギリスの消費者たちは、それよりもずっと前から、スペイン産のワインを手頃な価格で楽しんできた。

◉南アフリカ

遠隔地のため、南アフリカ共和国のスパークリングワインの存在は自国以外ではほとんど認知されてこなかった。当初、この国のスパークリングワインは「カープス・ヴォンケル」（ケープのスパークリングワイン）と呼ばれていた。現在「キャップ・クラシック」と呼ばれるスパークリングワインはシャンパーニュ地方と同じ伝統的方式を用いてつくられたものである。南アフリカの生産者たちは、1935年にフランスと結んだ通商協定を尊重し、この独自の名前を使うようになったという。1992年には、キャップ・クラシックの品質管理と販売促進を目的とする生産者組合が設立されている。

◉南米

西半球の国も見てみよう。ブラジルのスパークリングワインは国外ではあまり知られていないが、1875年からずっと生産がおこなわれている。原料にはマスカットを用いるのが伝統である。チリで最初のスパークリングワイン生産者、ビーニャ・バルディビエソは、1世紀以上も前からこの産業を担ってきた。この生産者は、現在でもチリ国内で飲まれているスパークリングワイン――ほとんどは手頃な価格のものだ――の6割以上を生み出している。

同じくアルゼンチンも売り上げの大部分を国内市場に頼っているが、最近は輸出量を増やしている。昔からこの地で生産を続けている地元の生産者に加えて、ふたつのシャンパン・メゾン、マム社とモエ・エ・シャンドン社もアルゼンチンにワイナリーを設立し、スパークリングワインの生産をおこなうようになった。現在、アルゼンチン産のスパークリングワインの大半はこれらのシャンパン・メゾンがつくったものである。

◉アメリカ

アメリカの初期のスパークリングワイン生産者のなかには、現在でも生産を続けているところがある。しかし、アメリカにおけるワインの歴史には巨大な空白が存在している。20世紀初頭、アメリカではスパークリングワインの生産がさかんになるとともに、国内での需要と流通量も着実な増加を見せていたが、同時に「節酒」を求める風潮も勢いを増しつつあった。結果的に禁酒法が施行され、アメリカでは1920年から1933年までの14年にわたってアルコール飲料の製造と販売が禁止される。

だがこの法律には例外もあった。おもに「医療」と「宗教」がかかわる場合だ。また、もともと自宅でワインをつくっていた生産者は、自家消費のためのわずかな量であれば生産を認められていた。こうした数々の小さな抜け穴が、アメリカの（合法な）ワイン事業者たちの命をつなぎとめた。カリフォルニアのブドウ栽培者は東部の「自宅生産者」にブドウを出荷し、ワインの生産ができる者は、ごく少量のワインや蒸溜酒を宗教行事の会場や医療の現場に届けていたという。

フランスのブルゴーニュ地方出身のワイン生産者、ポール・マッソンは、カリフォルニアに「ポール・マッソン社」を設立した人物だ。20世紀初めには、彼のつくるワインは多くの顧客の支持を集めていた。マッソンは、禁酒法が施行されているあいだ、ブドウの販売に従事しながら国内の「医療用シャンパン」を独占的に生産することを認められた。これにより、彼はなんとか自分のワイナリーを維持することができたのである。

禁酒法が廃止されると、質の悪いスパークリングワインが突如として市場をにぎわすようになる。当時のアメリカの人々は、ワインのない生活が十数年にわたって続いたことで、ワインを飲む習慣をすっかり失っていた。よいワインと悪いワインを見分けることすらできなくなっていた。高価な、しかもよくわからないスパークリングワインではなく、安価な発泡アルコール飲料が売れるのは当然のことだった。

もともとアメリカには、ワインに大金を使う文化は根づいていなかった。そのため、以前からよく知られていた大量生産のスパークリングワインが幅を利かせはじめたのである。こうした商品をつくっていた会社のひとつであるコーベル社は、1950年代に自社の「カリフォルニア・シャンパン」の名前を商標登録したほどだ。

しかしアメリカの生産者のなかには、苦境に屈することなく「質のよい辛口スパークリングワイン」をつくるために奮闘する者もいた。最初にこの市場に足を踏み入れたのは、ジャック・デイヴィスとジェイミー・デイヴィス夫妻である。夫妻は1965年に、かつてヤコブ・シュラムがカリフォルニアに設立したワイナリー「シュラムスバーグ」を購入した。「シュラムスバーグはアメリカ初のスパークリングワイン・メゾンだ」と夫妻は誇らしげに言っている。

デイヴィス夫妻はスパークリングワイン専業でやっていくことを決意し、アメリカのスパークリングワインの原料に初めてシャンパン用のブドウを用いた。その後も商品の質を少しずつ向上させ、

1972年、彼らにとっての――そしてアメリカのすべてのスパークリングワインにとっての――転機がおとずれる。当時のアメリカ大統領リチャード・ニクソンが、中国を訪問する際にシュラムスバーグのスパークリングワインを持参し、晩餐会でふるまったのである。

◉海外で生産する

この時期、フランスのシャンパン・メゾンもカリフォルニアに進出するようになっていた。1970年代、モエ・エ・シャンドン社はナパ・バレーに800エーカー（3・2平方キロ）の土地を購入し、「ドメーヌ・シャンドン」を設立した。1980年、シャンパン・メゾンのパイパー・エドシック社によって「パイパー・ソノマ」が設立された。1982年には、ルイ・ロデレール社の事業拡大計画にともない、「ロデレール・エステート」が誕生する。ほかにも、「マム・ナパ」が1985年、「ドメーヌ・カーネロス」（テタンジェ社のベンチャー事業）が1987年に設立されている。

スペインの有名なスパークリングワイン生産者の一族であるフェラー家（フレシネ社の創業一族）は、1982年にカリフォルニアの土地を購入し、その後1986年に「グロリア・フェラー」を設立した。また1991年には、別の大手カヴァ生産者が「コドーニュ・ナパ」を立ち上げた。このワイナリーはその後「アルテサ」に名前を変え、おもにスティルワインをつくるようになったが、スパークリングワインの生産は現在も続けられている。

カリフォルニアで高品質のスパークリングワインをつくっている生産者には、J（ジェイ）社、アイアン・ホース社、シャッフェンベルガー社などがある。またカリフォルニア以外でも、オレゴン州のアーガイル社やワシントン州のシャトー・サン・ミッシェル社といったワイナリーが誕生し、西部を足がかりにしてさまざまな国に進出していった。はるか東のニューメキシコ州では、フランスの名門一族がグリュエ社を設立した。

さらに、アメリカの多くの州では、生産者たちがブドウを栽培したり、ワインをつくるためにほかの生産者からブドウを買ったりするようにもなっていた。ニューヨーク州の北部は、すでに古くからワインの、そしてスパークリングワインの生産がおこなわれていた地域である。マサチューセッツ州のウエストポート・リバーズをはじめとするニューイングランドのワイナリーは、ロングアイランド湾の真北の気候をしっかりと理解したうえで、時間と労力を惜しむことなく懸命にスパークリングワインをつくっている。

オーストラリアでもアメリカと同じように、一時期は甘口のスパークリングワインばかりがつくられ、市場に出回っていた。これらの商品の大半はピンク色で、流通量がピークに達したのは1960年代から70年代の初頭にかけてである。オーストラリアでもっとも有名だったピンク・スパークリングワインは、もともと「スパークリング・ブルゴーニュ」と呼ばれていた。その後、原料に使われたブドウの品種にちなんで「スパークリング・シラーズ」と名づけられた。

やがて、オーストラリアで高品質の辛口スパークリングワインの売れ行きがよくなっているのに気づいたフランスのシャンパン生産者たちは、１９８０年代にオーストラリアへの投資に踏み切った。モエ・エ・シャンドン社、ルイ・ロデレール社、ボランジェ社は、オーストラリアの冷涼なワイン産地にあるいくつかのワイナリーと提携を結んだのである。

第6章◉新しい流行　新しい市場

◉粋な小道具

ワイン文化の普及にともない、西欧では船の進水式や結婚式、記念式典、祝勝会といったあらゆる慶事の席でシャンパンを開けるようになった。テレビやインターネットを通じて西欧の文化が広まったことで、公的な場でも、私的な場でも、自宅やレストランやナイトクラブでも、いまやシャンパンは世界中の人々の生活に欠かせないものになっている。

20世紀から21世紀にかけて、映画スターやミュージシャンが世界的な影響力をもつようになった。ファンが望むのはいつでも、敬愛するセレブたちと同じ商品を手にすることだ。また、シャンパンは昔から映画のなかで「粋な小道具」の役割を果たしてきた。たとえばケーリー・グラントは、1930年代のデビュー以来、数々の作品で優雅にシャンパンを飲んでいる。ベティ・グレイブルとベティ・デイヴィスが静かにシャンパングラスを傾けるシーンも印象的だ。スペンサー・トレイシーとキャサリン・ヘプバーンの共演する映画でも、シャンパンは小道具としてたびたび登場する。マリリン・モンローがポテトチップスをシャンパンに浸して食べるシーンも話題になった。

アンジェリーナ・ジョリーはカメラの前でシャンパンを飲みながら、カメラの外ではブラッド・ピットを誘惑していた。ジェームズ・ボンドはおびただしい量のシャンパンを飲み干してきた。彼が口にするのは特定の銘柄、たいていはボランジェで、たまにドン・ペリニヨンやテタンジェだった。そして『カサブランカ』では、映画史上もっとも有名な乾杯シーンを見ることができる。シャンパンのグラスを合わせながら、ハンフリー・ボガートはイングリッド・バーグマンにこうささやく。「君の瞳に乾杯（Here's looking at you, kid.）」

スパークリングワインが秘めている魅惑のイメージは、飲む人の姿までをもはなやかに彩ってくれる。ファッションモデルたちは、あざやかな色の小型ボトルに入ったポメリー社の「ポップ」をストローで飲み、ミュージックビデオのなかでは熱狂した歌手たちが「クリスタル」のボトルを空ける。

このルイ・ロデレール社のクリスタルは、もともとロシアの皇帝《ツァーリ》たちのためにつくられたシャンパンで、ロシア革命のあとは1945年まで生産が中止されていた。だがその後、上流階級の人々をターゲットとしてふたたび市場に出回るようになる。1990年代になる頃には、クリスタルはハリウッドでカルト的な人気を博していた。

1891年、ピエール・ボナールがフランスのシャンパンのために描いたポスター。シャンパーニュ産のスパークリングワインが「ファン・ド・シエクル（世紀末）の甘美な生活」を表すものだというメッセージが込められている。

世界一有名なシャンパン、ドン・ペリニヨン。盾のかたちのラベルと、美しい曲線をもつボトルが特徴。

また、ヒップホップ・アーティスト――アマチュアやファンも含めて――にとっては、クリスタルはある種の〝正装《ド・リグール》〟だった。しかし2006年、ルイ・ロデレール社の役員が、ラッパーがクリスタルを愛飲していることについて否定的な意見を述べてしまう。これを聞いたカリスマラッパーのジェイ・Zはクリスタルの不買運動を始めるとともに、エース・オブ・スペードの愛称で親しまれる「アルマン・ド・ブリニャック」を新たなラッパー向けのシャンパンとして世に広めるようになった。その後アルマン・ド・ブリニャックは、世界的にその名を知られていったのである。

●新興国のシャンパン人気

シャンパン産業の勢いは21世紀になっても止まらなかった。新興国や途上国の人々が新たな顧客となったからだ。2007年9月、アメリカ、インド、中国、ロシア連邦のカメラマンとジャーナリストがシャンパーニュにやってきて、「神秘のスパークリングワイン」の取材を熱心におこなった。シャンパン生産者たちはすべての国の取材に対して親切かつ友好的に対応したが、新たな市場であるインドと中国とロシアからの取材はとくにうれしかったようだ。これらの国は、レストランでシャンパンを飲むことが「粋なこと」として定着したばかりの国だ。

人気があるのはブリュットとロゼだが、ロシアにかぎってはいまでも甘口のシャンパンが好まれている。「ロシアン・シャンパン」の人気は依然として高く、現在でも大量に生産されている。なかでも群を抜いて生産量が多いのは、長い歴史をもつアブラウ・ドゥルソ社のものだ。また、インドではここ3年間で、シャンパンの売り上げが年間25パーセントずつ増加した。シャンパンはいまや、インドにおけるワインの売り上げの10パーセントを占めている。首都のデリーではカヴァやプロセッコなどのスパークリングワインも買えるようになった。

ロシアでのシャンパンの売り上げは、ここのところの不景気の前には年間5パーセントずつ増加していた。そして現在、高級シャンパンの需要――ほとんどはソ連崩壊後に誕生した富裕層からの需要――が増えてきたため、売り上げはふたたびアップする見込みだ。中国の市場を開拓したのはヴーヴ・クリコ社、マム社、そしてアヤラ社だが、現在ではさまざまな大手のシャンパン・メゾンがこの巨大な市場に参入を果たしている。

ロシア、中国、タイでは、高級シャンパンの代替品としてプロセッコを求める声も増えてきている。日本では景気が悪化して以来ずっと、ヴィンテージや「テット・ド・キュヴェ」（最高品質の商品）よりもノン・ヴィンテージのシャンパンのほうがよく売れる傾向にある。日本で次に人気があるのはスペインのカヴァで、これにアルゼンチン産からオーストラリア産までの世界中のスパークリングワインが続く。

◉気軽に飲みたい——イギリスの市場

多くのイギリス人は、ラベルと同じくらい「売られているスーパーマーケット」によってワインを選ぶ。ときには、「どの店で売られているか」ということ自体が購入の動機になる。スーパーマーケットのバイヤーたちは、ワインについてはもちろんだが、自分たちの顧客が何を求めてどのように行動するのかを知りつくしている。彼らはワイン生産者との取引においてもその手腕をいかんなく発揮し、さまざまな生産者の商品をイギリスに広めてきた。

イギリスはシャンパンを数世紀も前——シャンパンの生産が始まって間もない頃——から輸入しているので、イギリス人は高級シャンパンについてほかの国の人よりよく知っている。多くの消費者は、ヴィンテージものやボランシェやビルカール・サルモンといった丹精こめてつくられたものを好むが、最近はもっと気軽に飲める価格帯の商品も売れるようになった。

スパークリングワインが「特別な日のためにとっておくもの」から「日常的に飲むもの」に変わりつつある現在、価格は重要な判断材料だ。実際、古くからのシャンパン愛好家たちでさえ、オーストラリア、イタリア、スペインといった地域の安価なスパークリングワインを買うことが増えてきているという。

◉注目されるイタリアのプロセッコ

イタリアのスパークリングワインの需要は、イギリスでもほかの国でも増加傾向にある。２００８年のイギリスでは、イタリア産スパークリングワインの消費量が前年のおよそ2倍を記録した。同じくスペインでは88パーセントの増加を見せ、「フランスのシャンパンばかりが売れる国」と思われがちなロシアでも、40パーセント増という驚くべき数字が出ている。

21世紀になり、プロセッコの生産者たちは自分たちのワインの品質をさらに向上させようと努力を続けている。２００９年8月、プロセッコの中心地でつくられる高品質のワイン「プロセッコ・ディ・コネリアーノ・ヴァルドッビアーデネ」がＤＯＣＧに昇格。そのなかでもカルティッツェの丘でつくられたワインはとくに質が高いため、ラベルには「スペリオーレ・ディ・カルティッツェ」と記載される。これらのスパークリングワインには、発泡性（スプマンテ）のものもあれば、半発泡性（フリッツァンテ）のものもある。

質の悪いスパークリングワインがプロセッコとして出回るのを防ぐため、プロセッコは最低でもＤＯＣの品質規格を満たすものでなければならないと定められている。ＤＯＣに認められた産地以外でプロセッコと同じブドウを使ったワインがつくられた場合には、それをプロセッコと呼ぶことはできない。プロセッコ用のブドウは「グレーラ種」と呼ばれる。これは、かつて「プロセッコ種」と呼ばれていたブドウのもうひとつの呼び名である。［もともと「プロセッコ」はブドウの品種を意味する言葉だったが、プロセッコ種のブドウを使った質の悪いワインがプロセッコとして世に出回るのを防ぐために、プロセッコ種のブドウは２００９年に「グレーラ種」に改名された。以来、プロセッコは「産地」を意味する言葉になった」。

イタリア人は自分たちの土地のワインに対して強い愛着を感じているので、よその地域のワインをひいきにすることはあまりない。しかし10年ほど前から、イタリアじゅうの人々が、時間と場所に関係なく食前酒《アペリティフ》にプロセッコを注文するようになった（プロセッコの最大の輸出先、アメリカでも同じような光景が見られる）。イタリアのほかの産地のワインには、少なくともいまのところ、輸出先にこれほど大きな影響を与えたものはない。ピエモンテ州のブラケット・ダックイは、数少ない「質のよい赤スパークリングワイン」のひとつであり、アメリカにもよく輸出されている。アメリカにおけるこのワインの人気はまだ高くはないが、着実に支持者を増やしているようだ。

●変わるアメリカの市場

アメリカの中年層、そして高齢層の人々は若者とは違うワイン観をもっている。中高年のアメリカ人にとってシャンパンは「崇拝」の対象であり、「人生におけるもっとも大切なできごと」のためにとっておくべきものである。これはおそらく、彼らのなかにシャンパンの初期のイメージ――ヨーロッパの洗練さの象徴だった頃のイメージ――が根強く残っているためだろう（もちろん、値段が高いことも大きな理由だろうが）。幸運にも、最近ではさまざまなブドウから質のよいスパークリングワインがつくられ、幅広い価格で市場に出回るようになった。これは、若年層のアメリカ人のワイン観を変える大きな転機だといえる。

２００８年にアメリカで消費されたスパークリングワインの50パーセント以上はカリフォルニア産だった。８・６パーセントがカリフォルニア州以外でつくられたアメリカのワインであり、外国から輸入されたワインは全体の40パーセント未満だった。

カリフォルニアのスパークリングワイン生産者のなかには、フランスの名門シャンパン・メゾンに積極的に挑んでいるところもある。シュラムスバーグ社は過去数年間にわたり、自社のスパークリングワインと高級シャンパンとで、ワインの専門家によるブラインド・テイスティング［ボトルやラベルを隠し、情報をいっさいもたない状態でワインのテイスティングをおこなうこと］を開催してきた。そしてシュラムスバーグ社の新たな最高級スパークリングワインは、フランス産のスパークリングワインよりも高い評価を毎回与えられている。さらには、同じ価格帯の――あるいはもっと高級な――シャンパンよりすぐれていると判断されることもあった。

●オーストラリアの真面目なワイナリー

オーストラリアでは、「スパークリング・シラーズ」の評価が高まっている。このスパークリングワインは、いまやあらゆる面で高品質のスパークリングワインへと進化を遂げた。また、オーストラリアには真面目な――つまり伝統的方式を用いた――スパークリングワインをつくっているワイナリーがいくつもある。

オーストラリアにおけるスパークリングワインの草分けであるセッペルト社は、現在でも主要なワイナリーのひとつとして操業中だ。ほかにもブライアン・クローサー社をはじめとする数々のワイナリーが、ビクトリア州のヤラ・バレーや、タスマニア州などの冷涼な地域でスパークリングワインの生産をおこなっている。これらの地域にワイナリーを設立した、あるいは現地のワイナリーと業務提携を結んだフランスのシャンパン・メゾンも、いまなおこの地で生産を続けている。

モエ・エ・シャンドン社は「グリーン・ポイント」の名でスパークリングワインをつくり、ボランジェ社は名前こそ出していないが、クローサー社のワイナリーのひとつである「ペタルマ」と提携している。タスマニアのワイナリー「ジャンツ」は、もともとはルイ・ロデレール社が設立したものである。

●その他の地域

カヴァは、スペインでは頂点に君臨してきたスパークリングワインである。そしてこの商品は、30年の歳月をかけて、国外においても確固たる地位を築き上げてきた。また、アメリカにはブラジルからの移民が集まる地域があり、そこでつくられたブラジル産のスパークリングワインは全米の市場に数多く出回るようになった。そのうちのほとんどは、大規模な協同組合によって生産される甘口のスパークリングワインだが、一部の生産者は現代的な辛口スパークリングワインをつくり、自分たちの商品を国内外に向けて売り込んでいる最中だ。

アルゼンチンでは現在、シャンパーニュ地方の生産者たちが設立したワイナリー──「ボデガ・マム」や「ボデガ・シャンドン」のような辺境のワイナリーを含めて──でつくられる高品質のスパークリングワインが国内の消費量の大部分を占めている。

南アフリカ共和国はシャンパンの輸入に積極的だが、最近では国内産スパークリングワインの生産にいっそうの力を入れるようになり、南アフリカの「キャップ・クラシック生産者組合」には現在55の団体が加入している［2019年7月現在、組合の公式ウェブサイトでは86の団体名が確認できる］。

第7章◉変わるブドウ畑と呼称問題

◉ブドウ畑をめぐる駆け引き

20世紀が終わるまでに、フランスとスペインのスパークリングワイン生産者たちは、北アメリカ、南アメリカ、オーストラリアの3つの大陸にワイナリーをもつようになった。新たな土地のスパークリングワインは伝統的方式によって丹念につくられていたが、生産者たちの努力のおかげで、価格は高いものでも中級のシャンパンと同じ程度に抑えられていた。その後もスパークリングワインの需要が増えつづけていることを考えれば、シャンパン・メゾンがブドウの栽培面積をもっと大きくしなければならないことは明らかだった。

そこで２００３年、シャンパーニュ地方の人々は、自分たちのブドウ畑の神聖な境界線を変更すべきかについて話し合うことになった。じつは、１９２７年に正式に境界が定められたあとも、境界線には少しずつ変更が加えられてきた。最近では、1992年にマルヌ県にあるコミューン［地方自治体の最小単位］のひとつ、フォンテーヌ・シュル・アイが高等裁判所に境界の変更を提訴し、認められたという事例がある。結果的に、2009年までに40のコミューンがシャンパン用ブドウの生産地に加えられている。ほかにも100を超えるコミューンからの申請があったが、それらは承認にはいたらなかった。

昔から、シャンパン・メゾンと新たに加わった畑の所有者とのあいだでは主導権をめぐる争いが頻繁に起こってきた。一般的に、優位に立っているのはシャンパン・メゾンだと思われている。潤沢な資産をもつシャンパン・メゾンは、地価が急騰した新たなブドウ畑の買い手になりうるからだ（もっとも、所有者に売る気があればだが）。もし、畑の所有者にシャンパンの生産をおこなうだけの資金があれば、あるいは資金を借りるつてがあれば、彼らのほうが優位に立つことになる。2018年までは、ブドウ畑を開くためには欧州連合（EU）の認可を受けなければならないだろう。しかし現在のEUは、欧州における、とくにフランスにおけるワインの過剰生産を問題視しているため、ブドウ畑を減らす方向に力を入れている。

大事なことは、生産地の拡大が必ずしもシャンパンの品質の低下につながるわけではないということだ。むしろ、生産地が広がることは、古くからのブドウ栽培者やシャンパン生産者の意識を高めることにもつながるので、結果的に畑とワインの質が向上するとも考えられる。だが結局、新たなシャンパン生産地として認められたのは、1927年に定められた境界に隣接する畑だけだった。

境界を定めるにあたっては、政治的な利害関係がかかわってくるのだ。

◉気候変動とブドウ畑

ここ数年、新たなブドウ畑をつくるために、多くのシャンパン・メゾンがひそかにイギリスに目を向けるようになった。なかには、ルイ・ロデレール社のように公然と実地調査をおこなうシャンパン・メゾンもあった。こうした動向には、近年の気候変動がかかわっている。温暖化の影響を受けて、シャンパーニュ地方のブドウの生産高は目に見えて増加した。同時に、温暖化によってイギリス海峡をわたった先にもブドウ畑にふさわしい環境、つまりブドウが十分に成熟できる環境がもたらされた。いまや、イギリスでも質のよいスパークリングワインを生産することが可能になったのだ。

シャンパン生産者たちのもっとも新しい競争相手は、イングランド南岸のハンプシャー州でスパークリングワインの生産を始めたクリスチャン・シーリーである。フランスの企業「アクサ」のワイン部門のトップである彼は、すでにいくつかの国で一流のブドウ畑やワイナリーへの投資をおこなっている。また2009年には、イギリスのスーパーマーケット・チェーンである「ウェイトローズ」も、スパークリングワインの生産のためにハンプシャー州にブドウ畑をもつようになった。同年イギリスでは、ワインの権威として知られるスティーヴン・スパリュアとその妻が、スパークリングワインを生産するために、やはりイングランド南岸のドーセット州の私有地でブドウの栽培を始めた。また、ホテル業界と小売業界の大物リチャード・バルフォー・リンは、２００２年にはすでにブドウ畑を購入していたという。彼は現在、ケント州［イングランド南東部］でスパークリングワインを生産している。

イギリス産のスパークリングワインは数々の賞を受賞している。イギリスを代表する高品質のスパークリングワイン生産者であるリッジビューの「ブルームスベリー２００２」は、２００５年にロンドンで開催されたインターナショナル・ワイン・アンド・スピリッツ・コンペティションでオーストラリア、カリフォルニア、イタリアなどの同種の商品を抑え、スパークリングワイン部門の金賞を受賞した。リッジビューに並ぶイギリスの生産者としては、キャメル・ヴァレー、チャペル・ダウン、デンビーズ、ボルニー・ワイン・エステイト、ナイティンバーなどが挙げられる。

緯度だけを見ると、これらのブドウ畑が位置するのは、シャンパーニュ地方のエペルネより１５０マイル（約２４０キロ）も北方だ。そのため、地球温暖化の影響を受ける前のシャンパーニュ地方がそうだったように、イギリスのブドウ畑でシャンパーニュと同じブドウを安定してつくるのは簡単ではないと考えられている。イギリスの生産者の大半は、伝統的なシャンパン用のブドウを使い、伝統的方式によってスパークリングワインをつくっているが、一部の生産者はイギリスの気候を考慮して新たに品種をかけあわせたブドウも原料に用いているという。

◉呼称問題

世界中のワイン産地に加え、イギリスという新たな競合国までもが台頭してきた現在、シャンパーニュ地方のスパークリングワイン生産者たちはどのように自分たちの地位を守っていけばよいのだろう？　これについては、彼らは少なからずEUの支援を受けている。1994年以来、EU内では「シャンパーニュ地方以外の地域のスパークリングワイン生産者は、自社商品のラベルに〝シャンパン〟と記載してはならない」と定められている。さらに、スパークリングワインの生産方式のひとつである「シャンパーニュ方式」（メトード・シャンプワーノ）は「伝統的方式」に改名された。

だが、アメリカをはじめとするいくつかの国のスパークリングワイン製造会社は、こうした規制に対して抗議を続けてきた。そして、シャンパーニュ委員会アメリカ事務局は、食品関連の雑誌や富裕層向けの出版物にさまざまな意見広告を掲載し、自分たちの主張を世に広めることにした。たとえば彼らはこう問いかける。「アラスカ産の〝モントレー・ジャック〟があるでしょうか？「モントレー・ジャックはカリフォルニア州モンタレー発祥のチーズ」」「ネバダ産の〝ワシントン・アップル〟――こんなことが許されますか？「ワシントン州はアメリカ最大のリンゴの産地」」。委員会のキャンペーンには、仮面舞踏会をイメージした写真を用いたものもある。写真にはこのようなメッセージが添えられている。「シャンパンを装うことは違法ではないかもしれません……しかし、卑怯な行為です」

こうして世界各地のワイン生産者たちは、シャンパーニュ地方の生産者の要請を少しずつ受け入

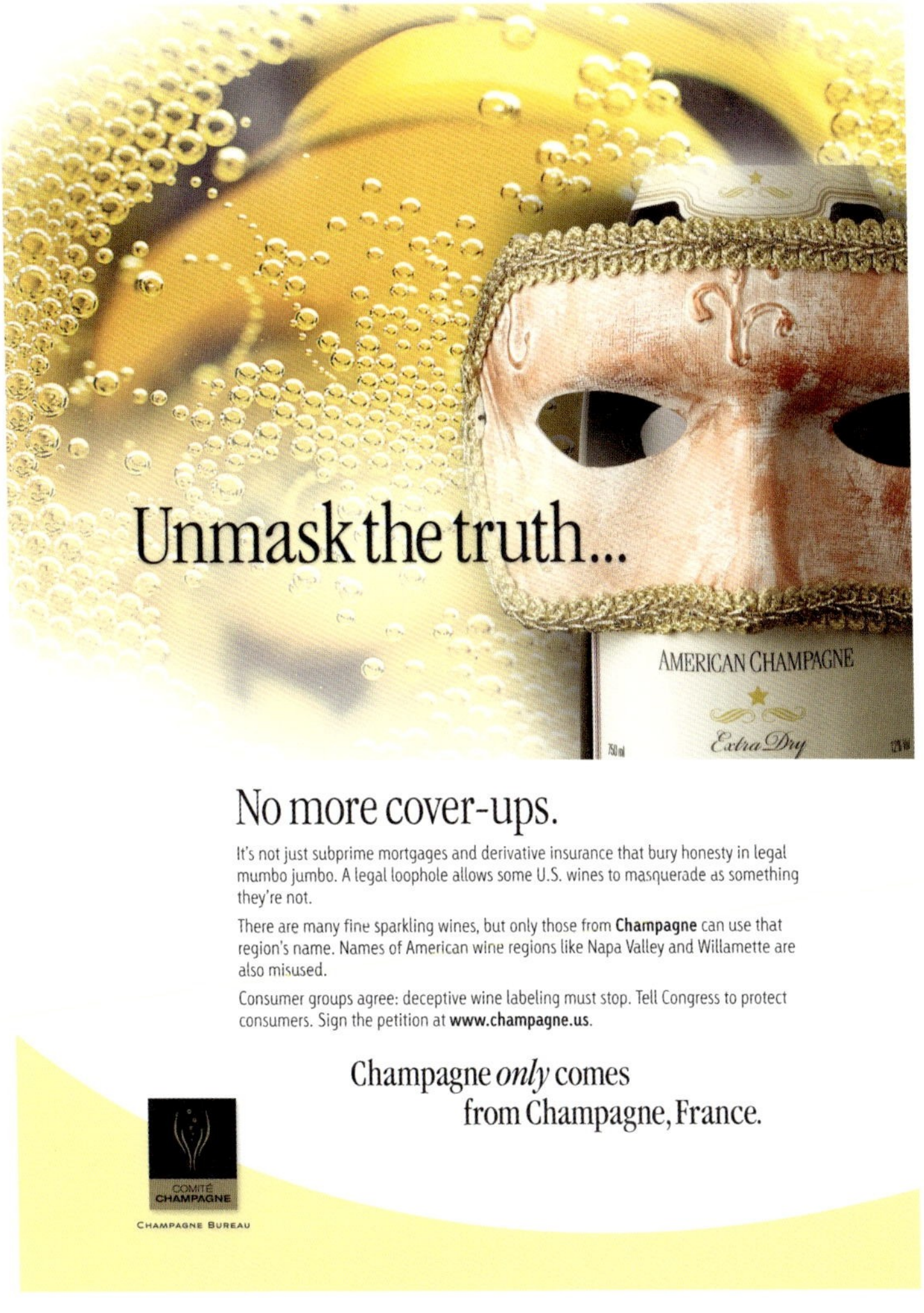
Unmask the truth...
AMERICAN CHAMPAGNE
Extra Dry
No more cover-ups.
It's not just subprime mortgages and derivative insurance that bury honesty in legal mumbo jumbo. A legal loophole allows some U.S. wines to masquerade as something they're not.
There are many fine sparkling wines, but only those from **Champagne** can use that region's name. Names of American wine regions like Napa Valley and Willamette are also misused.
Consumer groups agree: deceptive wine labeling must stop. Tell Congress to protect consumers. Sign the petition at **www.champagne.us**.
Champagne *only* comes from Champagne, France.
COMITÉ CHAMPAGNE
CHAMPAGNE BUREAU

フランスのシャンパン生産者は、世界中のスパークリングワイン生産者に、「自分たちの商品のラベルに〝シャンパン〟の名を使用しない」と約束させてきた。また、シャンパン生産者たちはこのような広告を用いて「呼称問題」を大衆にも意識させた。

れていった。2005年にはついに、ナパとカリフォルニアの生産者も「自分たちの商品のラベルに〝シャンパン〟の名を使用しない」と約束したのである。

第8章 ● シャンパンの現在

●「ロゼ・ブーム」と「辛口ブーム」

現在、スパークリングワイン業界とシャンパン業界にはさまざまな新しい動きが見られる。ロゼ・スパークリングワインやロゼ・シャンパンが市場をにぎわすようになるとともに、これまで以上に辛口の商品がさかんにつくられるようになった。世界中の新興ワイン産地でスパークリングワインの輸出が始まった。「オーガニック」をうたった商品が人気を集めるようになった。あざやかな色合いのボトルやラベルが特徴の飲みきりサイズ（185ml）が誕生した。栓に関する技術も向上した（たとえば、レバーのついたコルク栓「マエストロ」は簡単に、しかも〝ポンッ〟と音を立てて抜くことができる。また、コルク型のプラスチック栓「ゾーク」は一度開けたボトルにふたたび栓をすることができ、リサイクルも可能だ。そのうえ、開けるときにはちゃんと音が鳴るようにで

デュヴァル＝ルロワ社で実験的に用いられている新型の栓「マエストロ」は、シャンパンとスパークリングワインを簡単に開けられるようにした。同じく新型の栓である「ゾーク」は、一度開けたボトルにふたたび栓をすることができる。

きている）。

なかでも「ロゼ・ブーム」と「辛口ブーム」は、近年の気候変動が引き起こしたものだといえるだろう。気温が上がったことで、ロゼワインの生産に欠かせない「色づきのよいブドウ」が手に入りやすくなったと同時に、以前よりも果実味の強いワイン――糖分を添加する必要のないワイン――がつくられるようになったからだ。とくにロゼ・スパークリングワインの人気は、品質が向上するにつれて（そして甘味が抑えられるにつれて）ますます高まってきた。また、かなり前からオーストラリアでは、日常の場でも祝いの場でも薄い赤色のスパークリング・シラーズが飲まれてきたが、現在の世界的なロゼ・ブームにはこのワインの存在も少なからず影響していると考えられる。

現在、ラベルに「シャンパン」と記載されたスパークリングワインは一定の品質が保証されている。また、アルザスをはじめとするフランスのほかのワイン産地でも、シャンパンに次ぐ高品質のスパークリングワインがつくられている。スペインのカヴァは、手頃な価格で高い輸出量を誇るスパークリングワインだ。そしてアメリカでもっともよく売れるスパークリングワインはカリフォルニア産のものであり、そのほかに好まれるのもワシントン、オレゴン、ニューヨーク、ニューメキシコ、マサチューセッツといった国産ワインだ。

不景気にもかかわらず、２００８年におけるイタリアのプロセッコの輸出額は前年より８パーセント多くなった。長いあいだイギリスでは――とくにイギリスのワイン批評記事のなかでは――プロセッコの評判はさんざんだったが、近年になって品質が向上し価格も上がったことで、イギリ

スにおけるプロセッコの売り上げはこれまでのおよそ2倍に増加した。

◉「絶対基準」としてのシャンパン

とはいえ、価格においても名声においても、シャンパンはいまなお世界中のスパークリングワインの頂点に君臨している。2007年、全世界に出荷されたシャンパンの総量は3億3870万7192本。不景気に陥った2008年にも、この数字はわずか5パーセントしか下がらなかった。1年間に生産されるシャンパンのうち、輸出にまわされるのは全体のおよそ44パーセントだ。

シャンパンは、あらゆるスパークリ

アルザス地方の美しい村を囲むように広がるスパークリングワイン用のブドウ畑。

ングワインの「絶対基準」である。スパークリングワインを購入するにあたっては、シャンパンと比較しながらラベルを眺めてみれば、そのスパークリングワインの質がある程度わかるだろう。

基本的にシャンパンは3種類のブドウを用いてつくられる。ひとつは白ブドウ（シャルドネ）で、あとのふたつは黒ブドウ（ピノ・ノワールとピノ・ムニエ）である。だが実際は、シャンパンの生産には9種類のブドウを使うことが認められている。シャルドネ、ピノ・ノワール、ピノ・ムニエのほかにも、ピノ・ブラン、アルバンヌ、プティ・メリエ、ピノ・グリ（シャンパーニュ地方では「フロモント―」とも呼ばれる)、ピノ・ド・ジュイエ、ピノ・ロゼである「ピノ・ド・ジュイエとピノ・ロゼは2010年にシャンパンの認定品種から外された」。ただしこのうちの何種類かはピノ・ノワールの変異種のため、明確に別種のブドウとして定義することはできないかもしれない。

シャンパンの専門家、ピーター・リエムの言葉を借りれば、法律上、シャンパンに使えるブドウは「ピノ・ファミリー」――かつて「ピノ・シャルドネ」と呼ばれていたシャルドネも含まれる――とアルバンヌとプティ・メリエだけということになる。

シャンパーニュ地方で生産されるブドウの98パーセントは、シャルドネとピノ・ノワールとピノ・ムニエである。これらのブドウはたいてい、それぞれのシャンパン・メゾンで、それぞれの基準に従ってブレンドされる。白ブドウ(シャルドネ)だけでつくったシャンパンは「ブラン・ド・ブラン」、黒ブドウだけでつくったものは「ブラン・ド・ノワール」と呼ばれる。そして、ロゼ・シャンパンに色をつけるのもピノ・ノワールの役割である。

これまでのシャンパンに関していえば、ブレンドにおけるピノ・ムニエの比率はごくわずかなものだった。しかし最近では、ブドウの栽培も手がける小規模な生産者たちが、ピノ・ムニエを主体にしたシャンパンもつくるようになった。「ブラン・ド・ブラン」と「ブラン・ド・ノワール」という言葉は、白ブドウだけ(あるいは黒ブドウだけ)でつくったスパークリングワインを指すものとして世界中のワイン産地で使われている。

NV(ノン・ヴィンテージ)のラベルを貼られるシャンパンは、ブドウの収穫から15か月経つ

シャンパーニュ地方の石灰岩の地下にある貯蔵室では、何万本ものシャンパンが熟成を待っている。

までは出荷されない。この15か月というのはあくまでも最短の期間である。たいていはもっと長く18か月、特別なブレンドの場合は30か月以上寝かされることもある。ヴィンテージではないシャンパンをNVではなくMV（マルチ・ヴィンテージ）と呼称する生産者もいるが、これは後者のほうが聞こえがよいからだ。

それぞれのシャンパン・メゾンにおける最高級のブレンドは「テット・ド・キュヴェ」あるいは「プレステージ・キュヴェ」と呼ばれる。そして「ヴィンテージ」の称号が与えられるのは、ラベルにブドウの収穫年が記載され、その記載された年のブドウだけを使ってつくられたシャンパンである。

「グランド・マルク」とは、商品の質と生産量において突出したシャンパン・メゾンのことだ。こうしたメゾンは、日々さまざまなシャンパン

スティルワインのブレンド作業。シャンパン生産者たちは、異なる畑でつくられた十数種類ものワインを混ぜ合わせることもある。

――ノン・ヴィンテージ、独自のブレンド、そしてヴィンテージ――を生産している。味わいも豊富で、基本的にはブリュットかエクストラ・ドライに分類される。そしてもちろん、ロゼ・シャンパンもつくられる。

シャンパン・メゾンはたいてい自社のブドウ畑はもたず、特定の畑からブドウを仕入れている。ラベルにNM（ネゴシアン・マニピュラン）と記載されていたら、生産者が栽培者から購入したブドウを使って自社の商品をつくっているということになる。また、RM（レコルタン・マニピュラン）とは、自分たちでブドウを栽培し、おもにそのブドウを使ってシャンパンをつくる生産者のことだ。

20年ほど前から、シャンパーニュ地方にはこうした小規模な「栽培醸造家」が増えてきた。彼らは自分たちのブドウ畑を所有しているか、あるい

栽培と醸造をおこなうムース・フィス社の有名なシャンパン

は何らかのかたちでシャンパン用のブドウの生産をおこなうことができる生産者である。こうした生産者は、小規模な生産施設——自宅の地下室の場合もある——をつくり、そこで年間数百本のシャンパンを生産している。そしてできあがったシャンパンは、さらに地下深くに掘られた貯蔵室で保管されることが多い。彼らのつくる商品は、法律的にも品質的にも正真正銘のシャンパンである。

ＲＭのシャンパンはどれも、「品質の安定化」と「味の複雑化」のふたつの点において劇的な向上を見せてきた。またＲＭの生産者たちには、ワインのブレンドを自由におこなえるという強みがある。伝統的なブレンドを通して自分たちのアイデンティティを確立している大手のシャンパン・メゾンとは違い、彼らはブドウの収穫のたびに新たなブレンドの手法を取り入れることができる。

シャンパーニュ地方では、スパークリングワインはボトル内のガス圧によって分類される。初期のシャンパンは、技術がまだ発達していなかったためガス圧がきわめて低かった。現在、2・5気圧未満のスパークリングワインは「ペルラン」と呼ばれる。「ペティアン」はボトル内のガス圧が2・5から3・5気圧までのスパークリングワインのことである。シャンパーニュ地方では、「クレマン」は3・6気圧程度のスパークリングワインを指すことが多い。

すでに述べたように、フランスのシャンパーニュ以外の地域（そして、フランス以外のいくつかの国）では、「クレマン」はスパークリングワインの名前としても使われている。シャンパンのガス圧は3・5気圧以上であればよいとされているが、ほとんどは5気圧から6気圧である。ガス圧が5気圧から6気圧のものは、フランスでは「ムスー」や「グラン・ムスー」、ポルトガルでは「エスプマンテ」、スペインでは「エスプモーソ」、イタリアでは「スプマンテ」、そして英語圏のあらゆる国で「スパークリングワイン」と呼ばれている。

シャンパンの味のよさは泡の細かさに比例する——はたして、この説は本当に正しいのだろうか？シャンパンとスパークリングワインにとって、規則正しく、しかも持続的に泡が立つかどうかは重要だ。シャンパンの研究者ジェラール・リジェ・ベレールは最近、「シャンパンの泡には最大で液体の30倍のアロマとフレーバーが含まれている」ことを発見した。さらに彼は、たえず立ちのぼる細やかな泡が、シャンパンの風味を口の中まで運ぶ「配送システム」の役割を果たすとも述べている。

シャンパンの泡の拡大写真。シャンパンの研究者であり、すぐれたカメラマンでもあるジェラール・リジェ・ベレールが撮影。

長いあいだ、シャンパン生産者と愛好家たちは、きめ細やかで途切れない泡こそが最高のシャンパンの条件だと信じていた。しかしこの事実が発見されるまで、彼らの考えには科学的な根拠がなかった。リジェ・ベレールの推定によれば、フルートグラス一杯ぶんのシャンパン（約100ml）からは、最大で1100万もの気泡が立ちのぼるという。

シャンパンとスパークリングワインの味わいを定義するための尺度として、「残糖量」というものがある。スパークリングワインの生産において、ブドウの酸度は大事な要素だ。酸味と甘味（基本的に、舌では知覚できないほどのわずかな甘さだ）のバランスは完璧に保たれていなければならない。近年の気候変動の影響で、シャンパーニュの畑のブドウはよく熟すようになり、フレーバーとアロマがこれまでよりもずっと豊かになった。新世界のブドウ畑にいたっては、シャンパーニュ以上に気温が上がり日射しも強まったため、収穫期にはブドウがすっかり完熟するようになった。

ふたつの辛口ワイン、ブリュット・ネイチャーとエクストラ・ブリュットにとって、これはありがたい状況だった。ブリュット・ナチュールはドザージュをおこなわない「自然」なスパークリングワインのため、完熟したブドウでしかつくることができないからだ。また、エクストラ・ブリュットは「ほぼ自然」なスパークリングワインである。このワインの生産においては、ブドウの酸味と調和を図るために最低限のリキュールだけが加えられる。また、シャンパン・メゾンのローラン・ペリエ社とパイパー・エドシック社は、それぞれ特製の辛口シャンパンをつくりあげた。「ウルトラ・ブリュット」と「ブリュット・ソヴァージュ」である。

ローラン・ペリエ社の噴水。「この水を飲んではなりません」という、わかりやすい注意書きが添えられている。

シャンパンの甘辛度を定義する際の基準は、プロセッコやほかの上質なスパークリングワインとおおむね同じだ。ロゼ・シャンパンとロゼ・スパークリングワインの味わいは、製法しだいで自由に調整できる。現在もっとも人気があるのは「ブリュット・ロゼ」である。スパークリングワインの残糖量は、1リットルあたりの糖分の量（グラム）で表されるが、ほんのわずかな糖分の差で、果実味やフレーバーは大きく変わってくる。残糖量は、単に「甘さ」だけを表す数値ではないのだ。

ブリュット・ナチュールの場合、1リットルあたりの糖分は3グラム以下（ブリュット・ソヴァージュ、ブリュット・ノン・ドゼ、ブリュット・ゼロ、ドザージュ・ゼロも同じ数値）。エクストラ・ブ

木箱の中で出荷のときを待つ、ポル・ロジェ社の大型ボトル。貯蔵室は多湿なため、出荷の直前にラベルやキャップシールが貼られる。

リュットやウルトラ・ブリュットは1リットルあたり6グラム以下、ブリュットの場合は12グラム以下に定められている。エクストラ・ドライは12〜20グラム、セックとドライは17〜32グラム、ドゥミ・セックは32〜50グラムである。そして、ドゥーやその他の甘口スパークリングワインには、1リットルあたり50グラムを超える糖分が含まれている。残念だが、21世紀が進むにつれて、これらの商品は市場から姿を消していくだろう。

シャンパーニュ地方で用いられる大型のボトルには、19世紀の後半にシャンパン産業を確立した「偉大な生産者たち」に敬意を表すため、歴史上の偉人や聖書に出てくる人物にちなんだ名前がつけられている。ボトルが通常の750mlよりも大きくなるにつれて、シャンパンの熟成はゆるやかに進むようになる。そのため、大型のボトルを開けるタイミングについては生産者に相談する必要がある。また、小型のボトル（クォーターサイズやハーフサイズ）の場合は、購入後できるだけ早く飲むのがよいだろう。

ボトルの名称と容量

キャール（クォーター）ボトル　187.5 ～ 200*ml*（1人前の量。飛行機内で提供されることが多い）
ドゥミ（ハーフ）ボトル　375*ml*
ブテイユ　750*ml*（通常のボトル）
マグナム　1.5リットル（通常のボトル2本分）
ジェロボアム　3リットル（通常のボトル4本分）
レオボアム　4.5リットル（通常のボトル6本分）
マチュザレム　6リットル（通常のボトル8本分）
サルマナザール　9リットル（通常のボトル12本分）
バルタザール　12リットル（通常のボトル16本分）
ナビュコドノゾール　15リットル（通常のボトル20本分）

付録1◉購入・保管・飲み方の基礎知識

シャンパーニュ地方の人々は、夕食の席にシャンパンを欠かさない。彼らは、ほかの土地の人々が地元のワインを飲むのと同じようにシャンパンを飲んでいる。いうまでもなく、彼らにとってシャンパンは「地元のワイン」ではあるが。フランス以外の国でもスパークリングワインの飲み方は変わってきた。かつての「結婚式専用の酒」というイメージは廃れ、食前酒《アペリティフ》として日常的にカヴァを飲む人が増えたのである。

「シャンパン」と「スパークリングワイン」を比べて優劣をつけることなど不可能だ。シャンパンはあくまでも「フランスのシャンパーニュ地方でつくられたスパークリングワイン」なのだから。シャンパンと同じ価格帯でありながら、シャンパンよりも味のよいスパークリングワインはいくつもある。だが、生産者たちの長年の経験とたくみなマーケティングのおかげで、現在「最高級の品質」と「最高級の価格」をあわせもつスパークリングワインは、ほとんどがシャンパーニュ産のも

シャンパーニュ地方、ル・メニル・シュール・オジェ村のシャンパン・ハウス「サロン」には、最新式のテイスティング・ルームがある。

のである。これには、シャンパン・メゾンの世界的な名声も大きくかかわっているだろう。

これまで、「価格が高ければ高いほど質のよいシャンパンである」という不文律のようなものが存在していた。しかし、世界中で多種多様なスパークリングワインが生産されている現在においては、一概にそう言えなくなっている。とはいえ、「最高級シャンパン」に並ぶ価格のスパークリングワインはほとんど存在しない。この価格帯のシャンパンは、大手シャンパン・メゾンがつくりあげた特製のキュヴェ（ブレンド）であることが多い。なかには、王族の結婚や新世紀の到来を祝ってつくられたものや、特別なヴィンテージものもある。1本あたりの価格は最低でも数百ドルだ。

最高級のシャンパンをつくっているシャンパン・メゾンとして、真っ先に名前が挙がるのがクリュッグ社だ。クリュッグ社では厳選した畑を小さな区画ごとに管理し、そこで育てた最高のブドウだけを使いブレンドをおこなっている。彼らのつくるシャンパンはきわめて評判が高く、その評判に見合った高い値段がつけられている。サロン社もクリュッグと並ぶ一流シャンパン・メゾンである。サロン社では小規模な自社畑と、その近辺にある区画――90年前にメゾンの創業者によって厳選された――で栽培されたシャルドネだけを使ってシャンパンを生産している。ほかにも、ふたつの名門シャンパン・メゾンがそれぞれ最高級の銘柄をつくっている。ルイ・ロデレール社のクリスタルと、モエ・エ・シャンドン社のドン・ペリニヨンである。

多くのシャンパン・メゾンが、特別なできごとのために高価で高品質のシャンパンを生産している。こうしてつくられるレゼルヴやロゼ、さらに数々の特別なキュヴェの価格は、安いものでも100ドルぐらいだが、ときには（とくに祝祭日の前後にかけて）割引価格で販売されることもある。

それなりに質のよいシャンパンを味わってみたいのであれば、まずは40～50ドル程度で買えるノン・ヴィンテージから始めるのがいい。シャンパン以外のスパークリングワインには、50ドルを超えるものはめったにないと覚えておこう。これより上の価格帯になると、どのシャンパンを選ぶかは個人の好みしだいになる――そもそも好みとは、自分の舌で味わってみたり、人のおすすめを教えてもらったりしながら磨いていくものだ。

大手のシャンパン・メゾンやカヴァ生産者のなかには、アメリカにワイナリーをもち、30ドル〜50ドルの価格帯のスパークリングワインを生産しているところがある。カリフォルニアのナパやソノマでつくられるスパークリングワインとしては、この価格帯のものがもっとも味がよい。また、同等の品質のスパークリングワインをつくっている生産者には、アイアン・ホース社、J（ジェイ）社、シュラムスバーグ社がある。これらの生産者は、ひとつ下の価格帯（20ドル〜30ドル）においてもすぐれたスパークリングワインを生み出し、アメリカの市場をにぎわせている。イギリスのワインショップは、アメリカ産の商品よりもオーストラリア産、ヨーロッパ産、さらに自国イギリス産のスパークリングワインを多く仕入れる傾向がある。どれも、価格としては30ドルから40ドル。彼らはまた、同じ価格帯のシャンパンも仕入れ、自分たちの店の名を記載して販売することもあるという。イギリスのスパークリングワイン生産者のなかでは、ボルニー、キャメル・ヴァレー、チャペル・ダウン、デンビーズ、ナイティンバー、リッジビューなどが有名だ。

アメリカの市場において、20ドル〜30ドルの価格帯でもっとも売れているスパークリングワインは、フランスのアルザス地方でつくられるクレマンである。現在、ブルゴーニュやロワールなどの地域のクレマンもアルザスに続いて人気を集めている。さらに下の価格帯を見てみると、イギリスではスーパーマーケット・ブランドのスパークリングワインが台頭してきている。こうしたブランドの商品のなかには質がとてもよいものもある。一方アメリカでは、20ドル前後の「安価でそれなりに質のよいスパークリングワイン」のほとんどはスペインやイタリアから輸入されたものだ。すばらしいカヴァとプロセッコもこの価格帯に含まれる。

品質にこだわらなければ、もっと安価なスパークリングワインも存在する。安いものだと10ドルを下回る。また、質のよい商品を安く手に入れることも不可能ではない。たとえばイギリスでは、祝祭日に合わせてスパークリングワインの大規模なディスカウントがおこなわれ、年末の大手スーパーマーケットではフランスのシャンパンまでもが大幅に値引きされることがある。アメリカでは、味のよいスパークリングワインが10ドル以下で売られることはまずないだろう。だが例外もある。フレシネ社のカヴァだ。ほんの少しディスカウントされていれば、10ドルを切る価格で買うことができる。

安価なスパークリングワインは、イベント用として大量に仕入れられることが多い。まとめて注文する際は、先に1本だけ味見をしておいたほうが賢明だろう。アメリカでは、コーベル社、イングルヌック社、グレート・ウエスタン社といった歴史のある生産者がこの価格帯のワインを生産している。注意しなければならないのは、これらの商品のラベルには「シャンパン」と記載されている場合があるという点だ。これには、生産者たちのさまざまな思惑がかかわっている。アメリカとイギリスの市場には、ほかの国――とくにオーストラリア、イタリア、フランス――の安価なスパークリングワインがたくさん出回っているが、これらの国の生産者たちがシャンパンの名を勝手に使うことはない。また基本的には、安さ以外の点でこの価格帯のスパークリングワインを選ぶ理由はない。

20世紀の後半、ハリウッドではモエ・エ・シャンドン社の「ホワイト・スター」――最近になって「アンペリアル」に名を変えた――が日常的に飲まれるようになった。ホワイト・スターに次いで人気を集めたのは、マム社のコルドン・ルージュ。こうしたハリウッドでの流行が国中に広まったことで、アメリカではいまもすっきりとした果実味豊かなシャンパンが好まれている。反対にイギリスでは、古くから輸入されているボランジェ社やビルカール・サルモン社の商品のような、より香ばしいシャンパンが人気を集めている。このふたつの国以外では、純粋に流通量の多い銘柄がよく飲まれる傾向にある。

特別な、つまり多少の奮発が許される行事のためとなれば、多くの人が手にとるのは、ペリエ・ジュエ社の「シャンパンの華」ことベル・エポックや、ヴーヴ・クリコ社のラ・グランダム、テタンジェ社のコント・ド・シャンパーニュあたりだろう。クリュッグ社やサロン社も、その味わいに魅了された富裕層の顧客たちのために、厖大な数のシャンパンの在庫を確保している。そしてドン・ペリニヨンは、世界中のあらゆる地域において高級シャンパンの「象徴」になっている。

ノン・ヴィンテージのシャンパンやスパークリングワインの場合、購入後も寝かせておく必要はない。基本的にノン・ヴィンテージは出荷後1～2年以内に飲むのがよいとされている。つまり、「購入してから1～2年以内」ということになる。もちろん、そのワインショップの商品の回転率にもよるが。もし目の前のシャンパンが棚――自宅の棚であれワインショップの棚であれ――にどれくらいの期間保管されていたのかわからない場合は、すぐに飲んでしまったほうがよい。自分の誕生日や結婚式、あるいは何かの記念にもらったノン・ヴィンテージのシャンパンを数十年間大切にとっておく人は多い。しかし、ボトルを開ける頃にはシャンパンの複雑な味わいが薄れている――あるいはすっかり消えてしまっているということもある。

上質なスパークリングワインは、ほかのワインと同じく、涼しくて湿度の高い環境で保管しなければならない。しかし、ひとつだけ異なる点がある。スパークリングワインは瓶を立てた状態で保管できるのである。ほかのワインの場合、ボトルを寝かせたまま保管し、何年ものあいだコルクを湿らせておかなければならないが、スパークリングワインに関してはその必要はない。スパークリングワインのコルクは、ボトル内のガス圧のおかげでつねに一定の水分を含んでいるからだ。さらに、スパークリングワインのコルクは、ほかのワインのコルクよりも強い力で圧縮されたあとにボトルに差しこまれ、針金でしっかり固定されている。そのためコルクが縮んでしまうことも、ましてやそのまま抜けてしまうこともほとんどない。

理想は湿度が60パーセント、温度が10～12℃の場所で保管すること。普通の冷蔵庫は短期間の保管場所としては申し分ないが、スパークリングワインの理想的な保管条件を考えると少し湿度が足りないうえに、いささか温度が低すぎる。スパークリングワインもスティルワインと同様に、湿度と温度が一定に保たれた環境に置く必要がある。気温の変化はスパークリングワインの大敵だ。スパークリングワインはガスを含むワインのため、コルクが飛び出したりボトルが破裂したりするのを防ぐには、涼しい場所で保管しなければならない。

ヴィンテージ・シャンパンの保管に関して覚えておかなければならないことがある。ラベルに収穫年が記載された「高級品」だからといって、普通のシャンパンよりも長く保管しておく必要はないということだ。シャンパン・メゾンによって出荷された商品は、その時点ですでに飲み頃に達している（例外的に通常より早く出荷される場合もある。専門家がコレクション用にシャンパン――ほとんどがヴィンテージもの――を買う場合だ。ほとんどのコレクターは、完璧な貯蔵室をもち、ワインの保管に関する一流のアドバイザーを雇っている）。

これからシャンパンやスパークリングワインを飲もうというとき、まず必要なのはボトルを冷やすことだ。このとき、氷を入れたバケツや冷凍庫にシャンパンを入れる人も多いだろう。低級品であれば問題ないかもしれないが、上質なスパークリングワインの扱い方としてはあまりほめられたものではない。シャンパンやスパークリングワインを冷やすときには冷蔵庫に入れるのがよい。4時間から6時間かけてゆっくりと冷やそう。ただし冷蔵庫で冷やすと、シャンパンに最適な温度より少し冷やしすぎてしまう。飲む20分前には冷蔵庫から出しておこう。8℃から10℃が飲み頃だ。

開栓するときは、まず平らな場所にボトルを置き、シャンパングラスを近くに用意する。ボトルを持つとき、手のなかで滑らないようにクロスをあてがうのもいい。コルクを固定している針金（ミュズレ）をゆるめるときは、コルクが抜け出てきた場合に備えて親指で上部を押さえておこう。このとき、ボトルがしっかりと冷えていればコルクが暴発することはない。ボトルは縦向き、あるいは少し斜めに傾けて持つこと。先端がまわりの人やインテリアに向かないように注意することが大事

ステップ1（右上）
コルクと針金（ミュズレ）を覆っているキャップシールを剝がす。

ステップ2（右下）
片方の手でコルクを押さえながらボトルをまわす。ガス圧によってコルクが上がってくるまで続ける。

ステップ3（左上）
ゆっくりとコルクを抜く。うまく抜くことができれば、ポンッという音ではなく、ため息のような音が聞こえるはずだ。

ステップ4
スパークリングワインを静かにグラスの五分目まで注ぐ。すると、ワインの液面はボウルのふくらんだ部分に達する。アロマをもっとも楽しめるのは、この位置まで注いだときだ。

だ。基本的に、針金を6回ねじれば固定が外れ、コルクが動くようになる。そのまま片手でコルクを押さえ、もう片方の手でゆっくりとボトルをまわし、少しずつ栓をゆるめていく。抜くときは音を立てるのではなく、ため息のような音とともに抜くのがマナーだ。ポンッと音を立ててよいのは、スポーツの祝勝会の場でボトルを振って泡をかけ合うときだけだ。

　シャンパンボトルの先端部をサーベルや刀で切って開栓する「サブラージュ」という技法がある。これは、シャンパーニュ地方を進軍していたナポレオン軍の兵士たちが、時間をかけずにシャンパンを開けるために編み出したものだと言われている。現在、サブラージュ（「サーベリング」とも呼ばれる）は公共のイベントなどで披露されている。これには、特製の「シャンパン・サーベル」――三日月刀《シミター》を小さく、まっすぐにしたような形状のものだ――を使うことが多い。特別なイベントの開幕時にはよく、ピラミッド型に積み上げたグラスにシャンパンを注ぐ光景が見られるが、このときに最初に注ぐシャンパンはサーベルで開けられることがある。

「サーベルで開けたシャンパンを飲んでも危険ではない」というのが一般的な見解だ。ボトルの先端が切り落とされると、栓の部分が飛んでいくのと同時に少量のシャンパンが噴出し、細かいガラス片が外に流れるためである。また、ボトルの角度が適切であれば、噴出するシャンパンの量は最小限に抑えられる。そしてもちろん、公共の場でサブラージュを披露できるのはワインのプロフェッショナルだけだ。

　テーブルの上で鑑賞するぶんには、平たいクープ型のグラスは魅力的に思えるかもしれない。しかし、クープグラスを使って本当の意味でシャンパンを楽しむためには、つねに誰かに横にいてもらい、グラスに口をつける直前によく冷えたシャンパンを数口ぶん注いでもらうということを繰り返さなければならない。つまりほとんどの人にとっては、フルート型のグラスか小型の白ワイン用グラスのほうが使い勝手がよい。

フルート型のシャンパングラスは、クープグラスを大幅に改良したものである。まず、フルートグラスもクープグラスと同様に脚がついているため、グラスを持っていても指先の体温がグラスの中身に伝わることがない。また、透き通った背の高いグラスの中に、シャンパンの表面へと立ちのぼっていく美しい泡の列を見ることができる。フルートグラスの口の直径はボウル［ワインを注いだときにワインがたまる、グラスの膨らんでいる部分］よりもわずかに小さくなっている。これは、スパークリングワインのアロマをグラスから逃がさないためだ。小さく、チューリップ型で、脚のついた白ワイン用のグラスにも同じ工夫が見られる。白ワイン用グラスの場合、ボウルの直径がグラスの口よりもずっと大きいため、芳醇なアロマをより多くグラスの上部に集めておくことができる。

適切な量を注ぐと、グラスの半分がスパークリングワインで満たされる。フルートグラスやチューリップグラスの場合、液面の位置はボウルのもっともふくらんだ部分になる。液面が広くなるほど泡の数は増えるため、適切な位置までワインを注げば、口をつける前から豊かなアロマを楽しむことができるはずだ。グラスを顔に近づけてみよう。液面に立ちのぼる泡からかすかな音が聞こえるだけでなく、鼻腔をくすぐる香りを通して、これから口にするワインの味わいを探ることができる。

適切な量のシャンパンを注げば、温度、泡立ち、芳醇な味わいを保ったまま、最後の一滴まで楽しむことができる。

ときどき、グラスの中の目に見えない塵《ちり》のせいで、泡の質感や量、持続性が変わってしまうことがある。そういうときは別のグラスを用意するとよい。あるいは、あらかじめグラスを布で拭いておくこと。グラスを水ですすいではならない。付着していた塵がそのままそこに固定されてしまうからだ。

適切なグラスを選ぶこと――スパークリングワインを存分に楽しむために必要なのはこれだけだ。特別なオープナーも、特別なデキャンタも必要ない。また、基本的にシャンパンは開けたその日に飲まれるため、ストッパーを使うことはあまりないだろう。だが、シャンパン用のストッパーはけっして高いものではないので、ひとつ用意しておくと便利かもしれない。じつは、ストッパーの代わりに小さめのティースプーン（デザートスプーン）を使うこともできる。スパークリングワインを飲みきれなかったときには、ボトルの口に金属製のスプーンを柄から差し込み、そのまま冷蔵庫で冷やしておこう。24時間程度であれば泡を保っておくことができる。これなら十分、翌日のブランチでおいしく飲めるだろう。

付録2◉合う食べ物

ブリュットのスパークリングワインはよく食前酒《アペリティフ》として提供されるため、料理と合わせることなく単体で楽しむことが多い。しかし、こくのある味の食べ物と一緒にテーブルに並ぶこともある。代表的なものはキャビアである。牡蠣などの魚介類と合わせるときは、より繊細な味わいのシャンパンやスパークリングワインが好まれる。一方、フルボディのスパークリングワインであれば、軽いコース料理と一緒に楽しむことができる。シャンパーニュ地方では、フルボディのスパークリングワインを味わうときにはコースの一品目にフォアグラを食べるのが一般的だ。

ロゼ・スパークリングワインやピノ・ノワールをベースにしたスパークリングワインは、その力強い味わいのおかげで、魚や肉を使ったメインディッシュとも張り合えるはずだ。

エクストラ・ドライ（中辛口）のスパークリングワインも、幅広い料理と組み合わせることができる。多種多様なオードブルはもちろん、コースの序盤に出てくるパスタやリゾット、さっぱりした魚料理などと合わせても楽しめるだろう。

　エクストラ・ドライをはじめ、ほのかな甘味のあるスパークリングワイン、そして数々のロゼ・スパークリングワインは、イチジクやデーツ（ナツメヤシの実）などのドライフルーツとも相性がよい。クルミ、栗、アーモンドなどのナッツ類と合わせるのもおすすめだ。そのまま食べるか、少し火を加えるかはあなたの自由だ。軽く塩を振ったり、スモークしたりするのもいいだろう。

　さらに甘口のスパークリングワインの場合、フルーツケーキや濃厚なバターケーキ、あっさりとしたスポンジケーキ、あるいはクッキーなどの菓子と一緒に楽しむことができる。ラズベリーやイチゴといった、強い甘味と酸味のある果物もすてきなつけあわせになる。ただし、甘口スパークリングワインの味わいに対抗できるのは、よく熟した果物だけだ。

　スパークリングワインを心ゆくまで味わいたいのであれば、ソフトチーズなどの乳製品やミルクチョコレートを合わせるのはおすすめしない。こうした食品に含まれる脂肪分は口の中をコーティングし、スパークリングワインの微妙な舌触りやフレーバーを半減させてしまう。とはいえ、ロゼ・スパークリングワインにかぎっては、ひとかけのダークチョコレートをときどき合わせてみるのも面白いかもしれない。

謝辞

ブドウのことからボトルのことまで、この高貴な飲み物についての見識を深めることができたのは、多くの方々のおかげだ。この場を借りてお礼を申し上げたい。シャンパーニュ委員会アメリカ事務局のマーク・デスティートとジーン・カード。シャンパーニュ地方ワイン生産同業委員会（CIVC）のフィリップ・ウィブロット、クリステル・ペロー、ブリジット・バトネ。ランス市観光案内所の皆様。モエ・ヘネシー社のジェフ・ポガッシュとコリンヌ・ペレズ。シャンパン・メゾンのデュヴァル＝ルロワ社、アンリ・アベレ社、ジャクソン社、ムース・フィス社、ポル・ロジェ社、ヴランケン・ポメリー社、ロジェ・クーロン社、ルイナール社、サロン＆ドゥラモット社、ヴーヴ・クリコ社。ジャン＝ルイ・カルボニエ。エリック・グラートル。ピーター・リエム。マクシム・トゥバール。シャンパーニュ青年ブドウ栽培者組合の皆様。ウィルソン・ダニエルズ、ロリ・ナーロック、リサ・マットソン。イングリッシュ・ワイン・プロデューサーズのジュリア・トラストラム・イヴ。ワインオーストラリアの皆様。ナパヴァレー・ヴィントナーズの皆様。ソノマ・ヴァレー・ヴィントナーズ＆グロワーズ・アライアンスとグロリア・フェラー社、J社、シュラムスバーグ社。ブルゴーニュワイン委員会のセシル・マチオ。プロセッコ・ディ・コネリアーノ・ヴァルドッビアーデネ協会のミシェル・シャーとシルヴィア・バラッタ。アダミ社、アストリア社、ベルッシ社、ベッピンデエト社、ビソル社、ボルトロミオル社、コル・ヴェトラス社、ドゥルージァン社、ミオネット社、コラルト社、ヴァルド社、ジル・デグローフとデイル・デグローフ、A・J・ラスバン、ビッソ・アタナソフ、ブランコ。ジェロバック、ケン・サイモンソン、ジャン・ソロモン。そして、私と一緒にグラスを掲げてくれたすべての人に、心からの感謝を！

訳者あとがき

日本はいまやシャンパン大国だ。2018年のシャンパン輸入量は、アメリカ、イギリスに次ぐ世界第3位。結婚式や祝賀会はもちろん、さまざまなイベントでシャンパンのコルクが抜かれ、黄金色《こがねいろ》の液体の中を立ちのぼる泡が特別なひとときに華を添える。祝祭の酒、シャンパンは、私たちの人生に欠かせないものになっている。

そんなシャンパンが、もともとは「欠陥ワイン」だったことを知る人はそう多くはないだろう。シャンパンの泡は、フランスのシャンパーニュ地方の涼しい気候ゆえに偶然生まれた不要の産物だった。しゅわしゅわと泡立つ奇妙なワインを気に入る人はいたものの、ワイン生産者たちにとって、発泡ワインはあくまでも失敗作だった。「シャンパンの祖」として知られるドン・ペリニヨンも、最初は泡のない正統派のワインをつくるために四苦八苦していたという。そんな発泡ワインが、いつしか王侯貴族の心をつかみ、宮廷中をとりこにし、世界中に広まって「祝祭の酒」の地位を築いていくストーリーには、どこか神話のような趣がある。

だが、多くの神話がそうであるように、シャンパンの歴史もまた「受難」の物語だった。たび重なるボトルの爆発事故。凄惨《せいさん》な戦争。ブドウ畑を荒らす病害や害虫。生産者たちを悩ませた「呼称問題」。降りかかる試練は後を絶たなかった。しかし、そうした数々の試練を乗り越えたことで、シャンパンは私たちを魅了する〝神話性〟を獲得したのだろう。

本書は、シャンパンの誕生から現在にいたるまでの歴史をたどる。そしてその数奇な運命と、生産者たちのひたむきな「闘い」の物語を明らかにする。

本書『「食」の図書館　シャンパンの歴史 *Champagne: A Global History*』は、イギリスの Reaktion Books が刊行している The Edible Series の一冊である。このシリーズは２０１０年、料理とワインに関する良書を選定するアンドレ・シモン賞の特別賞を受賞している。

著者のベッキー・スー・エプスタインは、ワインや蒸留酒、料理、旅行をテーマに執筆活動をおこなうジャーナリスト。世界各国のワインに精通する彼女は、シャンパン以外のスパークリングワインについても多くのページを割いている（たまに「シャンパン」と「スパークリングワイン」を混同している人がいるが、シャンパンと呼ばれるのはフランスのシャンパーニュ地方でつくられたスパークリングワインだけだ）。また、シャンパンの選び方、保管の仕方、料理との相性といった実用的なことにも触れているので、シャンパン愛好家から初心者まで、さまざまな人が楽しめるだろう。

巻末では、シャンパンとスパークリングワインを使ったカクテルのレシピを紹介している。シャンパンをカクテルに使うなんてもったいない、と思う人もいるかもしれないが、どれもおいしいので一度試してみてほしい。訳者のおすすめは「午後の死」（デス・イン・ジ・アフタヌーン）。これは、アメリカの作家アーネスト・ヘミングウェイが考案したカクテルで、アブサン（薬草系の非常に強いリキュール）とシャンパンを混ぜてつくる。「悪魔の酒」の異名をもつ緑色のアブサンに黄金色のシャンパンを注ぐと、不思議なことに白濁した奇妙な色合いのカクテルになる。一口飲めば、その強烈な味わいに驚くことだろう。アブサンとシャンパン、正反対の存在ともいえるふたつの酒を混ぜたこのカクテルは、栄光と絶望のはざまで苦しんだ作家、ヘミングウェイの人生を象徴しているのかもしれない。

本書を訳しはじめてから、私は折を見てワインショップに足を運び、シャンパンとスパークリングワインの棚を眺め、気になったものを1本（あるいは2本）買って帰るようになった（シャンパンを何本も買う余裕はないので、比較的安価なスパークリングワインを選ぶことがほとんどだが）。調べ物のために始めたのだが、いまではすっかり趣味になってしまった。シャンパンとスパークリングワインには、人の心を引きつけてやまない吸引力があるらしい。かくなるうえは、いつの日かシャンパーニュの地をおとずれ、緑なすブドウ畑を望み、その波乱に満ちた歴史に想いを馳せながらシャンパンを飲んでみたいと考えている。本書を読んでくださった方が同じような気持ちになってくれたら、訳者としてとてもうれしい。

最後になるが、本書の訳出に際しては多くの方にお世話になった。編集を担当してくださった原書房の中村剛さん、そして翻訳にご協力いただいたすべての方に、この場を借りて感謝の意を表したい。

2019年8月

芝瑞紀

写真ならびに図版への謝辞

著者と出版社より，図版の提供と掲載を許可してくれた関係者にお礼を申し上げる。

Roger Archey: p. 84; Archives départementales - Conseil Général de l'Aube: p. 97; BIVB/ J. Gesvres: p. 103; Bollinger Private Collection: p. 100; Branko Gerovac: pp. 81, 149, 153, 154, 158; courtesy of Champagne Ayala: p. 57; Champagne Bureau: p. 139; Collection CIVIC: pp. 15 (Visuel Impact), 17 (Alain Cornu), 22 (Fulvio Roiter), 27 (Frederick Hadengue), 30 (Claude & Françoise Huyghens Danrigal), 33 (Hubert de Sanatana), 36 (Visuel Impact), 37 (John Hodder), 44 (Berengo Gardin), 46 (DIVERS), 59 top and bottom (Claude & Françoise Huyghens Danrigal), 75 (John Hodder), 76 (John Hodder), 80, 83 (Kumasegawa), 147 (Berengo Gardin), 148 (Visuel Impact), 165, 166 (Kumasegawa), 169 (Photo Fabrice Leseigneur); courtesy Conegliano Valdobbiadene Prosecco Superiore Consortium: p. 111; Conseil Interprofessionnel des Vins du Languedoc: p. 20; Becky Sue Epstein: p. 47; Johann Fitz - Weingut Fitz-Ritter & Sektkellerei Fitz KG: p. 70 bottom; courtesy of Freixenet: pp. 113, 114 top and bottom; Istock photo: p. 6 (Gradisca); Maestro®, Zork®: p. 142; Michel Jolyot: p. 29; Laurent-Perrier: p. 153; Gérard Liger-Belair: p. 151; Jeff Pogash: p. 26; Fabrice Rambert: p. 11; courtesy of Simonnet-Febvre: p. 104; Tom Sullam Photography: p. 8; Terry Theise: p. 78; University of California, San Diego: p. 62; VinsAlsace.com: pp. 144-145 (F. Zvardon).

参考文献

Anderson, Burton, *Franciacorta: Italy's Sanctuary of Sparkling Wine* (Milan, 2002)
Crestin-Billet, Frédérique, *Veuve Cliquot: La Grande Dame de la Champagne* (Grenoble, 1992), trans. Carol Fahy
Gately, Iain, *Drink: A Cultural History of Alcohol* (New York, 2008)
Glatre, Eric, *Champagne Guide* (New York, 1999)
—, *Champagne: Pleasure Shared* (Paris, 2000)
—, *Chronique des Vins de Champagne* (Chassigny, 2001)
Gronow, Jukka, *Caviar with Champagne: Common Luxury and the Ideals of the Good Life in Stalin's Russia* (Oxford, 2003)
Guy, K. M., *When Champagne Became French* (Baltimore, MD, 2003)
Johnson, Hugh, *The Story of Wine: New Illustrated Edition* (London, 2002) [ヒュー・ジョンソン『ワイン物語——芳醇な味と香りの世界史』平凡社ライブラリー, 2008年]
—, and Jancis Robinson, *The World Atlas of Wine* , 5th edn (London, 2001) [ヒュー・ジョンソン, ジャンシス・ロビンソン『地図で見る世界のワイン』産調出版, 2002年]
Liger-Belair, Gérard, *Uncorked: The Science of Champagne* (Princeton, NJ, 2004)
Lukacs, Paul, *American Vintage: The Rise of American Wine* (Boston, MA, 2000)
McCarthy, Ed, *Champagne for Dummies* (Foster City, CA, 1999)
Simon, Andre L., *The History of Champagne* (London, 1971)
Stevenson, Tom, *World Encyclopedia of Champagne and Sparkling Wine* (San Francisco, CA, 2003)
Sutcliffe, Serena, *Champagne: The History and Character of the World's Most Celebrated Wine* (New York, 1988)

レシピ集　シャンパンとスパークリングワインを使った代表的なカクテル

◉ベリーニ

白桃のピューレ…2オンス（約60ml）
プロセッコ…4オンス（約120ml）

1. フルートグラスによく冷えた新鮮な白桃のピューレを入れる。
2. プロセッコを注ぎ，軽くステア［混ぜること］する。

……………………………………………

◉ブラック・ベルベット

黒ビール…適量
シャンパン（スパークリングワイン）…適量

1. 冷えたビアグラスを用意し，半分の位置まで黒ビールを注ぐ。
2. 同量のシャンパン（あるいはほかのスパークリングワイン）を静かに注ぎ，軽くステアする。

……………………………………………

◉バックス・フィズ

オレンジジュース…3オンス（約90ml）
ジン…¼オンス（約7.5ml）
シャンパン…3オンス（約90ml）

1. フルートグラスに，オレンジジュースとジンを入れる。
2. よく冷えたシャンパンを注ぎ，軽くステアする。
3. 好みで半月切りにしたオレンジを飾る。

……………………………………………

◉シャンパン・ボウラー

イチゴ…3個
シュガーシロップ…½オンス（約15ml）
コニャック…½オンス（約15ml）
白ワイン…1オンス（約30ml）
シャンパン…3オンス（約90ml）

1. シェーカーに，きざんだイチゴを3個とシュガーシロップを入れ，しっかりとマドル［つぶして混ぜること］する。
2. コニャック，よく冷えた白ワイン，氷を加えてシェークし，ワイングラスに注ぐ。
3. よく冷えたシャンパンを注ぎ，軽くステアする。

……………………………………………

◉シャンパン・カクテル

角砂糖…1個

ビターズ…適量
シャンパン…4オンス（約120ml）

1. フルートグラスに角砂糖を1個入れる。
2. ビターズを数滴加え，角砂糖に染み込ませる。
3. よく冷えたシャンパンを，グラスの側面につたわせるようにゆっくりと注ぐ。
4. 好みでレモンの皮を飾る。

……………………………………………

◉午後の死（デス・イン・ジ・アフタヌーン）

アブサン…1オンス（約30ml）
シャンパン（スパークリングワイン）…適量

1. フルートグラスにアブサンを入れる。
2. 全体が白く濁るまでシャンパン（あるいはほかのスパークリングワイン）を加える。

……………………………………………

◉フレンチ75

ジン…1オンス（約30ml）
シュガーシロップ…½オンス（約15ml）
フレッシュレモンジュース…½オンス（約15ml）
シャンパン…3オンス（約90ml）

1. ジン，シュガーシロップ，フレッシュレモンジュース，氷をシェーカーに入れてシェークする。
2. フルートグラスかコリンズグラスに注ぎ，よく冷えたシャンパンを加えてグラスを満たす。
3. 好みでスライスしたレモンや，らせん状に切ったレモンの皮を飾る。

……………………………………………

◉キール・ロワイヤル

シャンパン…4オンス（約120ml）
クレーム・ド・カシス…½オンス（約15ml）

1. フルートグラスに，よく冷えたシャンパンを注ぐ。
2. クレーム・ド・カシスを，シャンパンとカシスがそれぞれ層をなすように，グラスの側面につたわせてゆっくりと注ぐ。

……………………………………………

◉ミモザ

オレンジジュース…3オンス（約90ml）
シャンパン…3オンス（約90ml）

1. フルートグラスにオレンジジュースを注ぐ。
2. よく冷えたシャンパンを加え，軽くステアする。

3. 好みでオレンジやミントの葉を飾る。

……………………………………………

◉リッツ・フィズ

シュガーシロップ…ティースプーン半分
アマレット…ティースプーン¼杯
ブルーキュラソー…ティースプーン¼杯
シャンパン…4オンス（約120ml）

1. フルートグラスにシュガーシロップを入れる。
2. アマレットとブルーキュラソーを加え，混ぜ合わせる。
3. よく冷えたシャンパンを加え，軽くステアする。

……………………………………………

◉バレンシア

アプリコット・ブランデー…2オンス（約60ml）
オレンジジュース…1オンス（約30ml）
ビターズ…4滴
カヴァ（スパークリングワイン）…4オンス（約120ml）

1. アプリコット・ブランデー，オレンジジュース，ビターズ，氷をシェーカーに入れて，シェークする。
2. フルートグラスに注ぎ，よく冷えたエクストラ・ドライのカヴァ（あるいはほかのスパークリングワイン）を加えて軽くステアする。

……………………………………………

◉スプリッツ

アペロール（イタリア産のハーブ系リキュール）…1オンス（約30ml）
プロセッコ…2オンス（約60ml）
炭酸水…2オンス（約60ml）

1. 白ワイン用のグラスにアペロールを入れる。
2. よく冷えたプロセッコと，同じく冷えた炭酸水を加え，軽くステアする。

ベッキー・スー・エプスタイン（Becky Sue Epstein）
ワイン，蒸溜酒，料理，旅行のテーマで雑誌やウェブサイトに寄稿をするほか，編集者，ワイン・コンサルタントも務める。ニューイングランド地方（アメリカ）在住。邦訳書に『「食」の図書館　ブランデーの歴史』（原書房），著書に『*Substituting Ingredients* 代用材料の辞典』他がある。

芝瑞紀（しば・みずき）
英語翻訳者。青山学院大学総合文化政策学部卒。訳書に『世界の核被災地で起きたこと』（共訳，原書房），『e-エストニア――デジタル・ガバナンスの最前線』（共訳，日経 BP）がある。

Champagne: A Global History by Becky Sue Epstein
was first published by Reaktion Books in the Edible Series, London, UK, 2011
Copyright © Becky Sue Epstein 2011
Japanese translation rights arranged with Reaktion Books Ltd., London
through Tuttle-Mori Agency, Inc., Tokyo

「食《しょく》」の図書館《としょかん》

シャンパンの歴史《れきし》

●

2019年9月24日　第1刷

著者……………ベッキー・スー・エプスタイン
訳者……………芝《しば》 瑞紀《みずき》
装幀……………佐々木正見
発行者……………成瀬雅人
発行所……………株式会社原書房

〒160-0022 東京都新宿区新宿1-25-13
電話・代表03(3354)0685
振替・00150-6-151594
http://www.harashobo.co.jp

印刷……………新灯印刷株式会社
製本……………東京美術紙工協業組合

© 2019 Mizuki Shiba

ISBN 978-4-562-05656-9, Printed in Japan

ソースの歴史《「食」の図書館》
メアリアン・テブン著　伊藤はるみ訳

高級フランス料理からエスニック料理、Ｂ級ソースまで…世界中のソースを大研究！　実は難しいソースの定義、進化と伝播の歴史、各国ソースのお国柄、「うま味」の秘密など、ソースの歴史を楽しくたどる。

２２００円

水の歴史《「食」の図書館》
イアン・ミラー著　甲斐理恵子訳

安全な飲み水の歴史は実は短い。いや、飲めない地域は今も多い。不純物を除去、配管・運搬し、酒や炭酸水として飲み、高級商品にもする…古代から最新事情まで、水の驚きの歴史を描く。

２２００円

オレンジの歴史《「食」の図書館》
クラリッサ・ハイマン著　大間知知子訳

甘くてジューシー、ちょっぴり苦いオレンジは、エキゾチックな富の象徴、芸術家の霊感の源だった。原産地中国から世界中に伝播した歴史と、さまざまな文化や食生活に残した足跡をたどる。

２２００円

ナッツの歴史《「食」の図書館》
ケン・アルバーラ著　田口未和訳

クルミ、アーモンド、ピスタチオ…独特の存在感を放つナッツは、ヘルシーな自然食品として再び注目を集めている。世界の食文化にナッツはどのように取り入れられていったのか。多彩なレシピも紹介。

２２００円

ソーセージの歴史《「食」の図書館》
ゲイリー・アレン著　伊藤綺訳

古代エジプト時代からあったソーセージ。原料、つくり方、食べ方…地域によって驚くほど違う世界中のソーセージの歴史。馬肉や血液、腸以外のケーシング（皮）などの珍しいソーセージについてもふれる。

２２００円

（価格は税別）

脂肪の歴史《「食」の図書館》

ミシェル・フィリポフ著　服部千佳子訳

絶対に必要だが嫌われ者…脂肪。油、バター、ラードほか、おいしさの要であるだけでなく、豊かさ（同時に「退廃」）の象徴でもある脂肪の驚きの歴史。良い脂肪／悪い脂肪論や代替品の歴史にもふれる。　２２００円

バナナの歴史《「食」の図書館》

ローナ・ピアッティ＝ファーネル著　大山晶訳

誰もが好きなバナナの歴史は、意外にも波瀾万丈。栽培の始まりから神話や聖書との関係、非情なプランテーション経営、「バナナ大虐殺事件」に至るまで、さまざまな視点でたどる。世界のバナナ料理も紹介。　２２００円

サラダの歴史《「食」の図書館》

ジュディス・ウェインラウブ著　田口未和訳

緑の葉野菜に塩味のディップ…古代のシンプルなサラダがヨーロッパから世界に伝わるにつれ、風土や文化に合わせて多彩なレシピを生み出していく。前菜から今ではメイン料理にもなったサラダの驚きの歴史。　２２００円

パスタと麵の歴史《「食」の図書館》

カンタ・シェルク著　龍和子訳

イタリアの伝統的パスタについてはもちろん、悠久の歴史を誇る中国の麵、アメリカのパスタ事情、アジアや中東の麵料理、日本のそば／うどん／即席麵など、世界中のパスタと麵の進化を追う。　２２００円

タマネギとニンニクの歴史《「食」の図書館》

マーサ・ジェイ著　服部千佳子訳

主役ではないが絶対に欠かせず、吸血鬼を撃退し血液と心臓に良い。古代メソポタミアの昔から続く、タマネギやニンニクなどのアリウム属と人間の深い関係を描く。暮らし、交易、医療…意外な逸話を満載。　２２００円

（価格は税別）

カクテルの歴史　《「食」の図書館》
ジョセフ・M・カーリン著　甲斐理恵子訳

氷やソーダ水の普及を受けて19世紀初頭にアメリカで生まれ、今では世界中で愛されているカクテル。原形となった「パンチ」との関係やカクテル誕生の謎、ファッションその他への影響や最新事情にも言及。

2200円

メロンとスイカの歴史　《「食」の図書館》
シルヴィア・ラブグレン著　龍和子訳

おいしいメロンはその昔、「魅力的だがきわめて危険」とされていた!?　アフリカからシルクロードを経てアジア、南北アメリカへ…先史時代から現代までの世界のメロンとスイカの複雑で意外な歴史を追う。

2200円

ホットドッグの歴史　《「食」の図書館》
ブルース・クレイグ著　田口未和訳

ドイツからの移民が持ち込んだソーセージをパンにはさむ――この素朴な料理はなぜアメリカのソウルフードにまでなったのか。歴史、つくり方と売り方、名前の由来ほか、ホットドッグのすべて！

2200円

トウガラシの歴史　《「食」の図書館》
ヘザー・アーント・アンダーソン著　服部千佳子訳

マイルドなものから激辛まで数百種類。メソアメリカで数千年にわたり栽培されてきたトウガラシが、スペイン人によってヨーロッパに伝わり、世界中の料理に「なくてはならない」存在になるまでの物語。

2200円

キャビアの歴史　《「食」の図書館》
ニコラ・フレッチャー著　大久保庸子訳

ロシアの体制変換の影響を強く受けながらも常に世界を魅了してきたキャビアの歴史。生産・流通・消費についてはもちろん、ロシア以外のキャビア、乱獲問題、代用品、買い方・食べ方他にもふれる。

2200円

（価格は税別）

トリュフの歴史 《「食」の図書館》

ザッカリー・ノワク著　富原まさ江訳

かつて「蛮族の食べ物」とされたグロテスクなキノコはいかにグルメ垂涎の的となったのか。文化・歴史・科学等の幅広い観点からトリュフの謎に迫る。フランス・イタリア以外の世界のトリュフも取り上げる。　２２００円

ブランデーの歴史 《「食」の図書館》

ベッキー・スー・エプスタイン著　大間知知子訳

「ストレートで飲む高級酒」が「最新流行のカクテルベース」に変身…再び脚光を浴びるブランデーの歴史。蒸溜と錬金術、三大ブランデーの歴史、ヒップホップとの関係、世界のブランデー事情等、話題満載。　２２００円

ハチミツの歴史 《「食」の図書館》

ルーシー・Ｍ・ロング著　大山晶訳

現代人にとっては甘味料だが、ハチミツは古来神々の食べ物であり、薬、保存料、武器でさえあった。ミツバチと養蜂、食べ方・飲み方の歴史から、政治、経済、文化との関係まで、ハチミツと人間との歴史。　２２００円

海藻の歴史 《「食」の図書館》

カオリ・オコナー著　龍和子訳

欧米では長く日の当たらない存在だったが、スーパーフードとしていま世界中から注目される海藻…世界各地のすぐれた海藻料理、海藻食文化の豊かな歴史をたどる。日本の海藻についても一章をさいて詳述。　２２００円

ニシンの歴史 《「食」の図書館》

キャシー・ハント著　龍和子訳

戦争の原因や国際的経済同盟形成のきっかけとなるなど、世界の歴史で重要な役割を果たしてきたニシン。食、環境、政治経済…人間とニシンの関係を多面的に考察。日本のニシン、世界各地のニシン料理も詳述。　２２００円

（価格は税別）

ジンの歴史《「食」の図書館》
レスリー・J・ソルモンソン著　井上廣美訳

オランダで生まれ、イギリスで庶民の酒として大流行。やがてカクテルのベースとして不動の地位を得たジン。今も進化するジンの魅力を歴史的にたどる。新しい動き「ジン・ルネサンス」についても詳述。２２００円

バーベキューの歴史《「食」の図書館》
J・ドイッチュ／M・J・イライアス著　伊藤はるみ訳

たかがバーベキュー。されどバーベキュー。火と肉だけのシンプルな料理ゆえ世界中で独自の進化を遂げたバーベキューは、祝祭や政治等の場面で重要な役割も担ってきた。奥深いバーベキューの世界を大研究。２２００円

トウモロコシの歴史《「食」の図書館》
マイケル・オーウェン・ジョーンズ著　元村まゆ訳

九千年前のメソアメリカに起源をもつトウモロコシ。人類にとって最重要なこの作物がコロンブスによってヨーロッパへ伝えられ、世界へ急速に広まったのはなぜか。食品以外の意外な利用法も紹介する。２２００円

ラム酒の歴史《「食」の図書館》
リチャード・フォス著　内田智穂子

カリブ諸島で奴隷が栽培したサトウキビで造られたラム酒。有害な酒とされるも世界中で愛され、現在では多くのカクテルのベースとなり、高級品も造られている。多面的なラム酒の魅力とその歴史に迫る。２２００円

ピクルスと漬け物の歴史《「食」の図書館》
ジャン・デイヴィソン著　甲斐理恵子訳

浅漬け、沢庵、梅干し。日本人にとって身近な漬け物は、古代から世界各地でつくられてきた。料理や文化としての発展の歴史、巨大ビジネスとなった漬け物産業、漬け物が食料問題を解決する可能性にまで迫る。２２００円

（価格は税別）

ジビエの歴史　《「食」の図書館》
ポーラ・ヤング・リー著　堤理華訳

古代より大切なタンパク質の供給源だった野生動物の肉ジビエ。やがて乱獲を規制する法整備が進み、身近なものではなくなっていく。人類の歴史に寄り添いながらも注目されてこなかったジビエに大きく迫る。　2200円

牡蠣の歴史　《「食」の図書館》
キャロライン・ティリー著　大間知　知子訳

有史以前から食べられ、二千年以上前から養殖もされてきた牡蠣をめぐって繰り広げられてきた濃厚な歴史。古今東西の牡蠣料理、牡蠣の保護、「世界の牡蠣産業の救世主」日本の牡蠣についてもふれる。　2200円

ロブスターの歴史　《「食」の図書館》
エリザベス・タウンセンド著　元村まゆ訳

焼く、茹でる、汁物、刺身とさまざまに食べられるロブスター。日常食から贅沢品へと評価が変わり、現在は人道的に息の根を止める方法が議論される。人間の注目度にふりまわされるロブスターの運命を辿る。　2200円

ウオッカの歴史　《「食」の図書館》
パトリシア・ハーリヒー著　大山晶訳

安価でクセがなく、汎用性が高いウオッカ。ウォッカはどこで誕生し、どのように世界中で愛されるようになったのか。魅力的なボトルデザインや新しい飲み方についても解説しながら、ウォッカの歴史を追う。　2200円

キャベツと白菜の歴史　《「食」の図書館》
メグ・マッケンハウプト著　角敦子訳

大昔から人々に愛されてきたキャベツと白菜。育てやすくて栄養にもすぐれている反面、貧者の野菜とも言われてきた。キャベツと白菜にまつわる驚きの歴史、さまざまな民族料理、最新事情を紹介する。　2200円

（価格は税別）

コーヒーの歴史《「食」の図書館》
ジョナサン・モリス著　龍和子訳

エチオピアのコーヒーノキが中南米の農園へと渡り、世界中で愛される飲み物になるまで。栽培と消費の移り変わり、各地のコーヒー文化のほか、コーヒー産業の実態やスペシャルティコーヒーについても詳述。　２２００円

テキーラの歴史《「食」の図書館》
イアン・ウィリアムズ著　伊藤はるみ訳

メキシコの蒸溜酒として知られるテキーラは、いつ頃どんな人々によって生みだされ、どのように発展してきたのか。神話、伝説の時代からスペイン植民地時代を経て現代にいたるまでの興味深い歴史。　２２００円

ラム肉の歴史《「食」の図書館》
ブライアン・ヤーヴィン著　名取祥子訳

栄養豊富でヘルシー…近年注目されるラム肉の歴史。古代メソポタミアの昔から現代まで、古今東西のラム肉料理の歴史をたどり、小規模で持続可能な農業についても考察する。世界のラム肉料理レシピ付。　２２００円

ダンプリングの歴史《「食」の図書館》
バーバラ・ギャラニ著　池本尚美訳

ワンタン、ラヴィオリ、餃子、団子…小麦粉などを練ってつくるダンプリングは、日常食であり祝祭の料理でもある。形、具の有無ほか、バラエティ豊かなダンプリングにつまった世界の食の歴史を探求する。　２２００円

シャンパンの歴史《「食」の図書館》
ベッキー・スー・エプスタイン著　芝瑞紀訳

人生の節目に欠かせない酒、シャンパン。その起源や造り方から、産業としての成長、戦争の影響、呼称問題、泡の秘密、ロゼや辛口人気と気候変動の関係まで、シャンパンとスパークリングワインのすべて。　２２００円

（価格は税別）